（清）张英 张廷玉 著

父子宰相家训

张舒 丛伟 —— 注

陈明 —— 主编

中国文史出版社

图书在版编目（CIP）数据

父子宰相家训 / 陈明主编 . -- 北京：中国文史出版社，2021.7
ISBN 978-7-5205-4018-6

Ⅰ . ①父… Ⅱ . ①陈… Ⅲ . ①家庭道德－中国－清代 Ⅳ .
① B823.1

中国国家版本馆 CIP 数据核字 (2023) 第 023552 号

责任编辑：方云虎

出版发行：中国文史出版社
社　　址：北京市海淀区西八里庄路 69 号院　邮编：100142
电　　话：010-81136606　81136602　81136603（发行部）
传　　真：010-81136655
印　　装：廊坊市海涛印刷有限公司
经　　销：全国新华书店
开　　本：32 开
印　　张：8.25
字　　数：156 千字
版　　次：2023 年 5 月北京第 1 版
印　　次：2023 年 5 月第 1 次印刷
定　　价：48.00 元

前　言

一纸书来只为墙，让他三尺又何妨。

万里长城今犹在，不见当年秦始皇。

　　这首诗传诵广远，"让他三尺又何妨"几乎成为劝架的口头禅。诗的后面藏着一则故事。据史料记载：张文端公居宅旁有隙地，与吴氏邻，吴氏越用之。家人驰书于都，公批诗于后寄归。家人得书，遂撤让三尺，吴氏感其义，亦退让三尺。

　　诗的作者张文端公，即本书《聪训斋语》的作者张英。张英（1637—1708），字敦复，号圃翁，安徽桐城人。康熙六年（1667）进士，累迁侍读学士。康熙十六年（1677），入直南书房。历任礼部侍郎、兵部侍郎、工部尚书、翰林院掌院学士、文华殿大学士等职，才学出众，慎密恪勤，被康熙倚为重臣。如此位高权重，面对纷争却宽容大度，礼让为先，体现了一代儒臣的气度风范，堪为后世楷模。

　　张英辞官归隐后，即撰写《聪训斋语》，结合自己丰富的生活经验与成熟的处世智慧，从修身、存养、节用、读书、交友等诸多层面，对家中子孙谆谆教导，细细叮咛。如：在存养和修身层面，要勤奋读书，以求养其心志；在生活层面，睡眠和食物是养护身体的重中之重，不可暴饮暴食，要按时休息；在节用方面，持家应采用宋代陆九韶的量入为出之法；在修养层面，不可骄奢淫逸，应培养习字、看山、听古乐等高雅情趣；在社交层面，他认为人生以择友为第一事，应该慎重交友。

有其父必有其子。次子张廷玉最为时人所知。他居官五十多年，官至保和殿大学士兼吏部尚书、军机大臣，乾隆朝晋三等伯、加太保。是清代前期知名的重臣，去世后配享太庙，谥号文和。整个清代，汉大臣配享太庙的，仅有张廷玉一人。张廷玉历仕康熙、雍正和乾隆三朝，深知荣誉和地位得来不易，他始终清正廉洁，谨小慎微，因而能够在纷繁复杂的官场中得以久安。

张廷玉受益于《聪训斋语》，自云："先公诗文之外，杂著内有《聪训斋语》二卷以示子孙，廷玉终身诵之。"像他父亲一样，他又将数十年日积月累的人生心得编为《澄怀园语》，"俾子孙辈读之，知我立身行己、处心积虑之大端云尔。"该书分为四卷，内容丰富，主要包括修身、持家、节用、读书、择友等诸多方面。书中多次引用父亲张英的训诫，可见对良好家风的恪守和维系。

张英、张廷玉父子为官清廉沉静，为人谦和豁达，生活淡泊名利，处世圆润得体。他们如此处世，也以身作则，教育家人。因而其家族能够形成优良的家风，后辈人才辈出，成为清代安徽桐城的名门望族。张英有六子，其中张廷瓒、张廷玉、张廷璐、张廷瑑先后考中进士，入仕为官。张廷玉有四子，为张若霭、张若澄、张若淑、张若渟，四人先后进入仕途为官；长子和次子官至内阁学士，四子官拜兵部尚书、赠太子太保。张氏家族从张英开始，相继为官者数十百人，十二人位列翰林。"一门之内，祖父子孙先后相继入南书房，自康熙至乾隆，经数十年之久，此他氏所未有也。"（吴振棫《养吉斋丛录》）这种情况在清代实属罕见。中纪委网站刊登的一篇《让人三尺又何妨——安徽桐城"六尺巷"的启示》说得好："父子宰相为官清正，心系百姓，堪称典范，应说是得益于张英的以身作则、言传身教，得益于淡泊致远、克己清廉的家风，得益于'六尺巷'。"

家训，是中国人对父母谆谆教诲的敬称。《聪训斋语》和《澄怀园语》自刊行以来，影响巨大，被奉为修身齐家的典范，传诵不息。清代名臣曾国藩叹为"句句皆吾肺腑所欲言"，至少五次向子女推荐：

颜黄门之推《颜氏家训》作于乱离之世，张文端公《聪训斋语》作于承平之世，所以教家者极精。尔兄弟各觅一册，常常阅习，则日进矣。（《曾国藩全集·家书·谕纪泽》）

张文端所著《聪训斋语》，皆教子之言。其中言养身、择友、观玩山水花竹，纯是一片太和生机，尔宜常常省览。

3

鸿儿体亦单弱，亦宜常看此书。吾教尔兄弟不在多书，但以圣祖之《庭训格言》、张公之《聪训斋语》二种为教，句句皆吾肺腑所欲言。（《曾国藩全集·家书·谕纪泽纪鸿》）

张文端公《聪训斋语》兹付去二本，尔兄弟细心省览，不特于德业有益，实于养生有益。（《曾国藩全集·家书·谕纪泽》）

张文端家训一本，寄交纪渠侄省览。渠侄恭敬谦和，德性大进，朱金权亦盛赞之。将来后辈八人，每人各给一本。（《曾国藩全集·家书·致澄弟沅弟》）

《聪训斋语》，余以为可祛病延年。尔兄弟与松生、慕徐常常体验否？（《曾国藩全集·家书·谕纪泽纪鸿》）

至于《澄怀园语》，光绪年间藏书家葛元煦在重刻时指出，"读之而叹世德相承，后先媲美之，不可及也。文和（张廷玉）以宰相之子，生长华腴，乃能一秉庭训，百行修举，尤为古今来难能可贵。"清代学者沈树德说："《澄怀园语》四卷，皆圣贤精实切至之语。修齐治平之道，即于是乎在焉。"又，张师亮在同治七年刻本跋文中称："其言如布帛菽粟，朴实切要，于持家涉世之道，修己接物之方，尤为周详恳挚。"

可见在后世的深远影响。

本书以四库全书收录的《文端集》本和《丛书集成初编》本作为底本,力求将古人经典原汁原味呈现给读者,进而为读者进行多样化的解读留出空间。由于本书注者功力有限,在注释过程中仍会存在问题,还望广大读者海涵并予以指正。在此,我们愿与读者诸君共勉。

本书编者

2015 年 3 月 12 日于北京

又

本书首版以后,蒙读者抬爱,赞誉有加,实在愧不敢当。此次由中国文史出版社再版订正了书中个别错误。

本书编者

2022 年 3 月 12 日于北京

目 录

聪训斋语

【导读】

　　《聪训斋语》是清代名臣张英（1637—1708）所作的家训。张英，字敦复，号乐圃，安徽桐城人。清朝康熙年间重要政治人物，官至大学士。张英为康熙六年（1667）进士，选庶吉士，散馆授编修。充日讲起居注官，官至文华殿大学士兼礼部尚书。康熙十六年（1677），入直南书房。史载："每从帝行，一时制诰，多出其手。"张英以降，家族更是人才辈出，家族六代共出进士十三人，其中入翰林者十二人。张英长子张廷瓒，康熙十八年（1679）进士，入翰林，官至詹事府少詹事；次子张廷玉，康熙三十九年（1700）进士，入翰林，官至保和殿大学士，雍正时设立军机处，最初典章皆出其手，与鄂尔泰等同为军机大臣，且恩遇最隆。张英、张廷玉父子二代为相，"父子双学士，老小二宰相"，"门第荣耀，世不多见"，是中国历史上的美谈。《聪训斋语》是张英为官处世的亲身经历和心得体悟，他结合古代圣贤的经典名言和事例，告诫家中子孙修身、治家乃至为政的要道。本书分为两卷，内容包罗万象，包括务农、节用、学习经典、慎交朋友、戒免骄奢淫逸以及培养高雅情趣等各个层面。本书行文流畅，言辞恳切，在阅读过程中可以深深感受到一位家中长者对于年轻后辈的慈爱、告诫和期待。《聪训斋语》是清代家训中的名篇，流传深远，为后人所赞颂。正是在这种良好的家庭教育氛围中，张英的子孙人才辈出，张家也成为清代安徽桐城的名门望族。

卷 一

圃翁[1]曰：圣贤领要之语，曰："人心惟危，道心惟微。"[2]危者，嗜欲之心，如堤之束水[3]，其溃甚易。一溃则不可复收也。微者，理义之心，如帷之映灯[4]，若隐若现，见之难，而晦[5]之易也。人心至灵至动，不可过劳，亦不可过逸，惟读书可以养之。每见堪舆家[6]平日用磁石养针，书卷乃养心第一妙物。闲适无事之人，镇日不观书，则起居出入，身心无所栖泊[7]，耳目无所安顿，势必心意颠倒，妄想生嗔。处逆境不乐，处顺境亦不乐。每见人栖栖皇皇[8]，觉举动无不碍者，此必不读书之人也。古人有言：扫地焚香，清福已具。其有福者，佐以读书；其无福者，便生他想。旨哉斯言！予所深赏。且从来拂意之事，自不读书者见之，似为我所独遭，极其难堪；不知古人拂意之事，有百倍于此者，特不细心体验耳。即如东坡先生殁后，遭逢高、孝[9]，文字始出，名震千古。而当时之忧谗畏讥，困顿转徙潮、惠[10]之间，苏过[11]跣足[12]涉水，居近牛栏，是何如境界？又如白香山[13]之无嗣，陆放翁[14]之忍饥，皆载在书卷。彼独非千载闻人，而所遇皆如此！诚壹[15]平心静观，则人间拂意之事，可以涣然冰释[16]。若不读书，则但见我所遭甚苦，而无穷怨尤嗔忿之心，烧灼不宁，其苦为何如耶？且富盛之事[17]，古人亦有之，炙手可热[18]，转眼皆空。故读书可以增长道心，为颐养第一事也。

记诵纂集，期以争长[19]，应世则多苦，若涉览[20]，则何至劳心疲神？但当冷眼于闲中窥破古人筋节处[21]耳。予于白陆诗，皆细注其年月，知彼于何年引退，其衰健之迹[22]皆可指，斯不梦梦[23]耳。

【注释】

[1]　圃翁：张英号乐圃，此处为作者自称。

[2]　"人心惟危、道心惟微"：出自《尚书·大禹谟》："人心惟危，道心惟微；惟精惟一，允执厥中。"指性情之心易私而难公，故益加危殆。义理之心易昧而难明，故常隐微不显。惟有专一精诚，秉持中道而行。

[3]　束水：抵御洪水。

[4]　帷之映灯：用布幔遮蔽灯光。帷，帘幕。

[5]　晦：掩蔽。

[6]　堪舆家：风水先生。

[7]　栖泊：栖息停靠。

[8]　栖栖皇皇：惶恐不安的样子。

[9]　高、孝：指宋高宗、宋孝宗两位帝王，推崇苏轼的文章。

[10]　潮、惠：潮州、惠州，皆属今天的广东省。

[11] 苏过：字叔党，号斜川居士，北宋文学家，苏轼第三子。苏轼辗转仕途，迭遭挫折，唯幼子苏过陪侍左右。

[12] 跣（xiǎn）足：赤脚。

[13] 白香山：指唐代诗人白居易。白居易，字乐天，号香山居士。唐代中期政治家、文学家。

[14] 陆放翁：指宋代诗人陆游。陆游，字务观，号放翁。南宋时期政治家、文学家，力主抗金。陆游晚年隐居，生活贫困，仆婢尽散。

[15] 诚壹：心志专一。

[16] 涣然冰释：完全消解。

[17] 富盛之事：指富贵荣华。

[18] 炙手可热：指有财有势者气焰逼人。

[19] 争长：争相增长。

[20] 涉览：博览群书、广泛涉猎。

[21] 筋节处：关键所在，精要部分。

[22] 衰健之迹：强健或衰颓的迹象。

[23] 梦梦：指昏乱的样子。

圃翁曰：圣贤仙佛，皆无不乐之理。彼世之终身忧戚、忽忽[1]不乐者，决然无道气、无意趣之人。孔子曰"乐在其中"[2]、颜子"不改其乐"[3]、孟子以不愧不怍为乐[4]。《论语》开首说"悦""乐"[5]。《中庸》言"无入而不自得"[6]，程朱教寻孔颜乐处[7]，皆是此意。若庸人多求多欲，不循理，不安命。多求而不得则苦，多欲而不遂则苦，不循理则行多窒碍而苦，不安命则意多怨望而苦。是以局天蹐地[8]，行险侥幸，如衣敝絮行荆棘中，安知有康衢[9]坦途之乐？惟圣贤仙佛，无世俗数者之病[10]，是以常全乐体。香山字乐天，予窃慕之，因号曰"乐圃"。圣贤仙佛之乐，予何敢望？窃欲营履道[11]，一丘一壑[12]，仿白傅[13]之"有叟在中，白须飘然"，"妻孥熙熙，鸡犬闲闲"[14]之乐云耳。

【注释】

[1]　忽忽：失意的样子。

[2]　"乐在其中"：出自《论语·述而》："饭疏食饮水，曲肱而枕之，乐亦在其中矣。不义而富且贵，于我如浮云。"

[3]　"不改其乐"：出自《论语·雍也》："贤哉回也！一箪食，一瓢饮，在陋巷，人不堪其忧，回也不改其乐。"

[4]　"孟子以不愧不怍为乐"：出自《孟子·尽心上》："君子有三乐，而王天下不与存焉。父母俱存，兄弟无故，一乐也；仰不愧于天，俯不怍于人，二乐也；得天下英才而教育之，三乐也。"

[5]　"论语"句：出自《论语·学而》："学而时习之，不亦说乎？有朋自远方来，不亦乐乎？人不知而不愠，不亦君子乎？"此句为《论语》的篇首章。

[6]　"无入而不自得"：出自《中庸》第十四章："君子素其位而行，不愿乎其外。素富贵，行乎富贵；素贫贱，行乎

贫贱；素夷狄，行乎夷狄；素患难，行乎患难。君子无入而不自得焉。"指君子恪守本分，无论处在什么环境，都能悠然自得。

[7] 程朱教寻孔颜乐处：指宋代大儒程颐、朱熹在教育弟子之时，多让其弟子体寻孔子、颜回之乐。

[8] 局天蹐（jí）地：戒慎恐惧的样子。局，通"跼"，弯曲不舒服。蹐，小步行走。

[9] 康衢（qú）：四通八达的大路。

[10] 数者之病：指前文所言"多求、多欲、不循理、不安命"之病。

[11] 履道：遵行正道。

[12] 一丘一壑：比喻隐者栖息之所。

[13] 白傅：即白居易，因曾任太子少傅，故称白傅。

[14] "有叟在中"四句：白居易归老洛阳，作《池上篇》："有堂有亭，有桥有船，有书有酒，有歌有弦。有叟在中，白须飘飒，识分知足，外无求焉。妻孥熙熙，鸡犬闲闲。优哉游哉，吾将老乎其间。"

圃翁曰：予拟一联，将来悬草堂中："富贵贫贱，总难称意 [1]，知足即为称意；山水花竹，无恒主人，得闲便是主人。"其语虽俚 [2]，却有至理。天下佳山胜水，名花美箭 [3] 无限，大约富贵人役于名利，贫贱人役于饥寒，总无闲情及此，惟付之浩叹 [4] 耳。

【注释】

[1] 称意：遂其所欲、称心如意。

[2] 俚：俗气。

[3] 美箭：指美竹。

[4] 浩叹：感慨叹息。

圃翁曰：唐诗如缎如锦，质厚而体重，文丽而丝密 [1]，温醇尔雅 [2]，朝堂 [3] 之所服也。宋诗如纱如葛，轻疏纤朗 [4]，便娟 [5] 适体，田野之所服也。中年作诗，断当 [6] 宗唐律；若老年吟咏适意，阑入 [7] 于宋，势所必至。立意学宋，将来益流 [8] 而不可返矣！五律断无 [9] 胜于唐人者，如王、孟 [10] 五言两句，便成一幅画。今试作五字，其写难言之景，尽难状之情，高妙自然，起结超远，能如唐人否？苏诗 [11] 五律不多见，陆诗 [12] 五律大率 [13] 非其所长。参唐宋人气味，当于五律见之。

【注释】

[1] 文丽而丝密：文采华丽细致。

[2] 温醇尔雅：温和典雅。

[3] 朝堂：本为古代君王及官吏办公处所，指正式场合。

[4] 轻疏纤朗：轻薄宽松纤细明亮。

[5] 便娟：美好的样子。

[6] 断当：一定要。

[7]　阑入：以他物相杂。

[8]　益流：更无节制。流，无节制。

[9]　断无：绝对没有。

[10]　王、孟：指唐代诗人王维和孟浩然。二人同为盛唐时期田园诗派的重要诗人。

[11]　苏诗：指北宋苏轼的诗。

[12]　陆诗：指南宋陆游的诗。

[13]　大率：大抵。

　　圃翁曰：昌黎[1]《听颖师琴》诗有云："呢呢儿女语，恩怨相尔汝。忽然势轩昂，猛士赴战场。"[2]又云："失势一落千丈强。"[3]欧阳公[4]以为琵琶诗，信然。予细味琴音，如微风入深松，寒泉滴幽涧，静永古澹[5]。其上下十三徽[6]，出入一弦至七弦，皆有次第。大约由缓而急，由大而细，极于和平冲夷[7]为主，安有"呢呢儿女"忽变为"金戈铁马"[8]之声？常建[9]《琴》诗："江上调[10]玉琴，一弦清一心。泠泠[11]七弦遍，万木沉秋阴。能令江月白，又令江水深。始知梧桐枝[12]，可以徽黄金[13]。"真可谓字字入妙，得琴之三昧[14]者。味此，则与昌黎之言迥别[15]矣！

　　古来士大夫学琴，类不能学多操[16]。白香山止《秋思》[17]一曲，范文正公[18]止《履霜》[19]一曲，高人抚弦动操[20]，自有夷旷冲澹[21]之趣，不在多也。古人制琴一曲，调适宫商[22]，但传指法，后人强被[23]以语言文字，失之远矣。甚

9

至俗谱用《大学》^[24]及《归去来辞》《赤壁赋》^[25]强配七弦，一字予以一音。且有以山歌小曲溷^[26]之者，其为唐突^[27]古乐甚矣，宜为雅人之所深戒也。

大抵琴音以古澹为宗，非在悦耳。心境微有不清，指下便尔荆棘^[28]。清风明月之时，心无机事^[29]，旷然^[30]天真，时鼓一曲，不躁不懒^[31]，则缓急轻重，合宜自然，正音出于腕下，清兴^[32]超于物表。放翁诗曰："琴到无人听处工^[33]。"未深领斯妙者，自然闻古乐而欲卧，未足深论也。

【注释】

[1]　昌黎：韩愈，字退之，世称"韩昌黎"。唐代有名思想家及古文作家，为唐宋古文八大家之首。力主排斥佛、老之学，重建儒家道统。力倡"古文运动"，提出"文以载道"。

[2]　"呢呢儿女语"四句：琴声轻柔细屑，仿如情侣间亲密耳语，偶而夹杂倾心相爱的嗔嗲责怪。忽然声势转变得昂扬激越，就像勇猛的将士，探戈跃马冲入敌阵。

[3]　失势一落千丈强：形容琴音骤降。

[4]　欧阳公：指北宋欧阳修。欧阳修字永叔，晚号六一居士，醉翁。北宋中期政治家、思想家、史学家、文学家。

[5]　静永古澹：静默、深远、古雅、恬淡。

[6]　十三徽：指七弦琴面十三个指示音位的标识。

[7]　冲夷：平缓。

[8]　金戈铁马：谓兵事，指气势磅礴。

[9]　常建：唐代中期诗人，字号不详。

[10]　调：调和音曲，即演奏。

[11]　泠泠：声音清越。

[12]　梧桐枝：喻不起眼的琴。古琴多为桐木所作，有人便以桐称呼琴。

[13]　徽黄金：指可以做金饰的琴徽。

[14]　三昧：诀要，佛教用语，指止息杂念，心神平静；也指得其精要。

[15]　迥别：大不相同。

[16]　操：琴曲。

[17]　秋思：秋日寂寞凄凉之情绪。

[18]　范文正公：北宋范仲淹，字希文，宋苏州吴县（今江苏省吴县）人，卒谥文正。北宋中期政治家、思想家、文学家。北宋庆历年间，主持变法，整顿吏治，史称"庆历新政"。

[19]　《履霜》：乐府琴曲名，周尹吉甫之子伯奇所作。范仲淹喜爱弹琴，但平日只弹《履霜》一曲，所以又有"范履霜"之称。

[20]　抚弦动操：指弹琴。

[21]　夷旷冲澹：平易旷达，淡泊宏阔。

[22]　宫商：五音中宫商二音，指音乐、音律。

[23]　强被：生硬搬套。

[24]　《大学》：指《礼记》中的一篇，后被朱熹编入四书。

[25]　《归去来辞》《赤壁赋》：分别为东晋陶渊明、北宋苏轼
　　　　所作，皆为古代名篇。

[26]　涽（hùn）：杂乱。

[27]　唐突：亵渎。

[28]　荆棘：本指梗阻不通畅之状，此处指琴声杂乱。

[29]　机事：机密巧诈之事。

[30]　旷然：旷达、豁达。

[31]　不躁不懒：不急躁，不懒怠。

[32]　清兴：清雅之兴致。

[33]　工：指精巧佳妙。

　　圃翁曰：古人以"眠、食"二者为养生之要务。脏腑肠胃，常令宽舒有余地，则真气得以流行而疾病少。吾乡吴友季善医，每赤日寒风[1]，行长安道上不倦。人问之，曰："予从不饱食，病安得入？"此食忌过饱之明征也。燔炙熬煎[2]香甘肥腻之物最悦口，而不宜于肠胃。彼肥腻易于粘滞，积久则腹痛气塞，寒暑偶侵，则疾作矣。放翁诗云："倩盼作妖狐未惨，肥甘藏毒鸩犹轻。"[4]此老知摄生[5]哉！
　　炊饭极软熟，鸡肉之类只淡煮，菜羹清芬鲜洁渥之[6]。食只八分饱，后饮六安苦茗一杯。若劳顿饥饿归，先饮醇醪[7]一二杯，以开胸胃。陶诗云："浊醪解劬饥"[8]，盖借之以开胃气也。如此，焉有不益人者乎？且食忌多品，一席之间，遍食水陆，浓淡杂进，自然损脾。予谓或鸡鱼凫豚[9]

之类，只一二种，饱食良[10]为有益，此未尝闻之古昔，而以予意揣当如此。

【注释】

[1]　赤日寒风：夏冬极热极冷之天气。

[2]　燔炙熬煎：烧烤煎炸之物。

[3]　鸩（zhèn）：鸟名，羽毛有剧毒，浸于酒叫作"鸩"，指毒酒。

[4]　"放翁诗"二句：出自南宋陆游《养生》诗。与妖媚的美女相比，狐精的害人手段还不算毒虐。与肥美甘甜的食物相比，鸩酒所藏的毒害还算轻。

[5]　摄生：养生。

[6]　渥（wò）：使汤味道浓厚。

[7]　醇醪（chún láo）：味浓烈的酒。

[8]　浊醪解劬（qú）饥：浓酒解除疲劳和饥饿。劬，疲劳。此句出自东晋陶潜《和刘柴桑》诗。

[9]　凫（fú）豚：水鸭和小猪。

[10]　良：实在。

　　安寝，乃人生最乐。古人有言，"不觅仙方觅睡方。"冬夜以二鼓[1]为度，暑月以一更为度。每笑人长夜酣饮不休，谓之消夜。夫人终日劳劳[2]，夜则宴息[3]，是极有味，何以消遣为？冬夏皆当以日出而起，于夏尤宜。天地清旭[4]

之气，最为爽神，失之，甚为可惜。予山居颇闲，暑月日出则起，收水草清香之味，莲方敛而未开，竹含露而犹滴，可谓至快！日长漏永[5]，不妨午睡数刻，焚香垂幕，净展桃笙[6]。睡足而起，神清气爽，真不啻天际真人[7]。况居家最宜早起。倘日高客至，僮则垢面，婢且蓬头，庭除[8]未扫，灶突犹寒[9]，大非雅事。昔何文端公[10]居京师，同年[11]诣之，日晏[12]未起，久之方出。客问曰："尊夫人亦未起耶？"答曰："然。"客曰："日高如此，内外家长皆未起，一家奴仆，其为奸盗诈伪，何所不至耶？"公瞿然[13]，自此至老不晏起。此太守公[14]亲为予言者。

【注释】

[1]　二鼓：指二更天，晚上九时到十一时。古人以击鼓报时。

[2]　劳劳：辛劳忙碌。

[3]　宴息：安寝休息。

[4]　清旭：清晨日出光明的样子。

[5]　漏永：漏，计时之器。指时间长。

[6]　净展桃笙：打开清洁的寝席，准备睡觉。桃笙，桃枝编的席子。

[7]　天际真人：天上的仙人，极言其舒适与满足。

[8]　庭除：庭前阶下。

[9]　灶突犹寒：尚未生火煮饭。灶突，灶上的烟囱。

[10]　何文端公：何如宠，明桐城人，字康侯，号芝岳，谥文

端。明万历进士，官至武英殿大学士。

[11] 同年：古代科举考试同科中第者之互称。

[12] 日晏：时候已晚。

[13] 瞿然：惊惧的样子。

[14] 太守公：姚文燮，字经三，清顺治十六年进士。

圃翁曰：山色朝暮之变，无如春深秋晚。四月则有新绿，其浅浅浓淡，早晚便不同；九月则有红叶，其赪黄茜紫[1]，或映朝阳，或回夕照[2]，或当风而吟，或带霜而殷[3]，皆可谓佳胜[4]之极。其他则烟岚雨岫[5]，云峰霞岭，变幻顷刻，孰谓看山有厌倦时耶？放翁诗云："游山如读书，浅浅在所得[6]。"故同一登临，视其人之识解学问，以为高下苦乐[7]，不可得而强也。

予每日治装[8]入龙眠[9]，家人相谓："山色总是如此，何用日日相对？"此真浅之乎言看山者[10]。

【注释】

[1] 赪（chēng）黄茜（qiàn）紫：黄叶映日所幻变出来的赤、黄、红、紫等颜色。赪，浅红色。茜，深红色。

[2] 回夕照：夕阳反照。

[3] 殷：黑红色。

[4] 佳胜：美好的景色。

[5] 烟岚雨岫：笼罩在烟雨雾气中的山林和峰峦。

[6] "游山如读书"两句：出自陆游《再游天王广教院》诗。
能不能有收获取决于其学识修养。

[7] 高下苦乐：优秀或低劣、痛苦或快乐。

[8] 治装：整理行装。

[9] 龙眠：龙眠山，在安徽省桐城县西北三十里，以山中有二
龙井故名。

[10] 此真浅之乎言看山者：评论看山的人的浅薄之说。

圃翁曰：人家僮仆，最不宜多畜，但有得力二三人，训
谕有方，使令得宜，未尝不得兼人[1]之用。太多则彼此相
诿[2]，恩养必不能周[3]，教训亦不能及，反不得其力。且此
辈当家道盛，则倚势作非，招尤结怨；家道替[4]，则飞扬跋
扈[5]，反唇卖主，皆势所必至。予欲令家仆皆各治生业，可
省游手游食之弊，不至于冗食为非[6]也。且僮仆甚无取乎
黠慧者[7]。吾辈居家居宦，皆简静守理，不为暗昧[8]之事；
至衙门政务，皆自料理，不烦干仆[9]巧权门之应对[10]，为
远道之输将[11]，打点机密，奔走势利。所用者不过趋蹡[12]
洒扫、负重徒步之事耳，焉用聪明才智为哉！至于山中耕田
锄圃之仆，乃可为宝，其人无奢望、无机智，不为主人敛
怨[13]，彼纵不遵约束，不过懒惰、愚蠢之小过，不必加意防
闲[14]，岂不为清闲之一助哉？

【注释】

[1]　兼人：兼任其他人的工作。

[2]　相诿：互相推卸责任。

[3]　周：顾及全部。

[4]　替：衰落。

[5]　飞扬跋扈：气势凌人。

[6]　冗食为非：吃闲饭作恶事。

[7]　黠慧者：狡猾之人。

[8]　暗昧：愚昧蠢陋。

[9]　干仆：能干的仆人。

[10]　巧权门之应对：擅长与权势之家打交道。

[11]　为远道之输将：到远地去送礼以打通关节。输将，缴纳财物。

[12]　趋蹡（qiāng）：赶路。

[13]　敛怨：招致怨恨。

[14]　防闲：防备。

圃翁曰：昔人论致寿之道有四，曰慈、曰俭、曰和、曰静。人能慈心于物，不为一切害人之事，即一言有损于人，亦不轻发。推之，戒杀生以惜物命，慎剪伐以养天和。无论冥报[1]不爽，即胸中一段吉祥恺悌[2]之气，自然灾沴[3]不干，而可以长龄矣。

人生福享，皆有分数[4]。惜福之人，福尝有余；暴殄[5]

之人，易至罄竭。故老氏以俭为宝。不止财用当俭而已，一切事常思俭啬[6]之义，方有余地。俭于饮食，可以养脾胃；俭于嗜欲[7]，可以聚精神；俭于言语，可以养气息非；俭于交游，可以择友寡过；俭于酬错，可以养身息劳；俭于夜坐，可以安神舒体；俭于饮酒，可以清心养德；俭于思虑，可以蠲[8]烦去扰。凡事省得一分，即受一分之益。大约天下事，万不得已者，不过十之一二。初见以为不可已，细算之，亦非万不可已。如此逐渐省去，但日见事之少。白香山诗云："我有一言君记取，世间自取苦人多。"[9]今试问劳扰烦苦之人，此事亦尽可已，果属万不可已者乎？当必怳然自失矣。

人常和悦，则心气冲[10]而五脏安，昔人所谓养欢喜神。真定梁公[11]每语人："日间办理公事，每晚家居，必寻可喜笑之事，与客纵谈，掀髯[12]大笑，以发舒一日劳顿郁结[13]之气。"此真得养生要诀。何文端公时，曾有乡人过百岁，公扣[14]其术，答曰："予乡村人无所知，但一生只是喜欢，从不知忧恼。"噫，此岂名利中人所能哉！

传曰："仁者静。"又曰："知者动。"[15]每见气躁之人，举动轻佻[16]，多不得寿。古人谓："砚以世计，墨以时[17]计，笔以日计。"动静之分也。静之义有二：一则身不过劳，一则心不轻动。凡遇一切劳顿、忧惶、喜乐、恐惧之事，外则顺以应之，此心凝然不动，如澄潭，如古井，则志一动气[18]，外间之纷扰皆退听[19]矣。

此四者于养生之理，极为切实。较之服药引导^[20]，奚啻万倍哉！若服药，则物性易偏，或多燥滞^[21]。引导吐纳^[22]，则易至作辍。必以四者为根本，不可舍本而务末也。《道德经》^[23]五千言，其要旨不外于此。铭之座右，时时体察，当有裨益耳。

【注释】

[1] 冥报：冥冥中的善恶报应。

[2] 恺悌：和乐平易。

[3] 灾沴（lì）：灾害。

[4] 分数：天命，一定之数。

[5] 暴殄：不知爱惜物力。

[6] 俭啬：节省。

[7] 嗜欲：放纵耳、目、口、鼻等之所欲。

[8] 蠲（juān）：免除。

[9] "白香山诗"二句：出自白居易《感兴二首》。

[10] 心气冲：心意平和。

[11] 真定梁公：指梁清标，明末进士，后降清，官至保和殿大学士。

[12] 掀髯：笑时开口张须的样子。

[13] 劳顿郁结：身体劳累疲倦，内心抑郁。

[14] 扣：求教，问询，探询。

[15] "传曰"二句：出自《论语·雍也》："知者乐水，仁者

乐山；知者动，仁者静；知者乐，仁者寿。"

[16] 轻佻：举止不庄重。

[17] 时：四时，即春、夏、秋、冬，一年之义。

[18] 志一动气：心志凝住浮动之气。

[19] 退听：不听、不受，指不受影响。

[20] 引导：为道家养生之法，如五禽戏。

[21] 燥滞：干燥停滞。

[22] 吐纳：道家养生之法，口吐出恶浊之气，鼻吸入清新之气。

[23] 《道德经》：相传为老子所作，为道家基本经典，凡五千余言。

圃翁曰：人生不能无所适[1]以寄其意。予无嗜好，惟酷好看山种树。昔王右军[2]亦云："吾笃嗜[3]种果，此中有至乐存焉。"手种之树，开一花，结一实，玩之偏爱，食之益甘，此亦人情也。

阳和里五亩园，虽不广，倘所谓"有水一池，有竹千竿"[4]者耶。花有十二种，每种得十余本[5]，循环玩赏，可以终老。城中地隘，不能多植，然在居室之西数武[6]，花晨月夕，不须肩舆策蹇[7]，自朝至夜分[8]，可以酣赏饱看。一花一草，自始开至零落，无不穷极其趣，则一株可抵十株，一亩可敌十亩。

山中向营赐金园[9]，今购芙蓉岛，皆以田为本，于隙地疏池种树，不废耕耘。阅耕[10]是人生最乐。古人所云"躬

20

耕"，亦止是课仆督农^[11]，亦不在沾体涂足^[12]也。

【注释】

[1]　无所适：没有安适之处。

[2]　王右军：王羲之，东晋书法家，官至右军将军，世称"王
　　　右军"。

[3]　笃嗜：非常喜好。

[4]　"有水一池"两句：出自白居易《池上篇》："十亩之宅，
　　　五亩之园；有水一池，有竹千竿。"

[5]　本：草本植物一株曰一本。

[6]　武：半步为武。

[7]　肩舆策蹇：乘轿骑驴。

[8]　夜分：半夜之时。

[9]　赐金园：张英用康熙二十一年皇上颁给的赐金的一半"谋
　　　山林数亩之地为憩息、树菽之区"，用以"赐金"名园。

[10]　阅耕：观察农耕。

[11]　课仆督农：考核监督仆役农事。

[12]　沾体涂足：手脚沾上田中泥土。

　　　圃翁曰：山居宜小楼，可以收揽^[1]群峰众壑之势。竹
杪松梢^[2]，更有奇趣。予拟于芙蓉岛南向构^[3]一小楼，题曰
"千崖万壑之楼"。大溪环抱，群峰耸峙^[4]，可谓快矣！筑
小斋三楹^[5]，曰"佳梦轩"。夫人生如梦，信矣！使^[6]夕梦

耕"，亦止是课仆督农[11]，亦不在沾体涂足[12]也。

【注释】

[1]　无所适：没有安适之处。

[2]　王右军：王羲之，东晋书法家，官至右军将军，世称"王
　　　右军"。

[3]　笃嗜：非常喜好。

[4]　"有水一池"两句：出自白居易《池上篇》："十亩之宅，
　　　五亩之园；有水一池，有竹千竿。"

[5]　本：草本植物一株曰一本。

[6]　武：半步为武。

[7]　肩舆策蹇：乘轿骑驴。

[8]　夜分：半夜之时。

[9]　赐金园：张英用康熙二十一年皇上颁给的赐金的一半"谋
　　　山林数亩之地为憩息、树菽之区"，用以"赐金"名园。

[10]　阅耕：观察农耕。

[11]　课仆督农：考核监督仆役农事。

[12]　沾体涂足：手脚沾上田中泥土。

　　　圃翁曰：山居宜小楼，可以收揽[1]群峰众壑之势。竹
杪松梢[2]，更有奇趣。予拟于芙蓉岛南向构[3]一小楼，题曰
"千崖万壑之楼"。大溪环抱，群峰耸峙[4]，可谓快矣！筑
小斋三楹[5]，曰"佳梦轩"。夫人生如梦，信矣！使[6]夕梦

至此，岂不以为佳甚耶？陆放翁梦至仙馆，得诗云："长廊下瞰碧莲沼，小阁正对青萝^[7]峰。"便以为极胜之景。予此中颇有之^[8]，可不谓之佳梦耶？香山诗云："多道人生都是梦，梦中欢乐亦胜愁。"^[9]人既在梦中，则宜税驾^[10]咀嚼其梦，而不当为梦幻泡影之嗟^[11]。予固将以此为睡乡^[12]，而不复从邯郸道上，向道人借黄粱枕也^[13]。

【注释】

[1] 收揽：尽揽概观。

[2] 竹杪松梢：松、竹的末梢。

[3] 构：架设，建筑。

[4] 耸峙：高起屹立。

[5] 小斋三楹：小屋三间。斋，燕居之室。楹，房屋一间曰一楹。

[6] 使：假使，如果。

[7] 青萝，青色的常青藤。

[8] 颇有之：颇有，很有。之，指胜景。

[9] "多道人生"两句：出自白居易《城上夜宴》诗。

[10] 税驾：犹言解驾，停车休息之义。

[11] 嗟：叹息。

[12] 睡乡：睡梦之境。

[13] "邯郸道上"二句：用"黄粱一梦"的典故，指不再追求荣华富贵之意。

至此，岂不以为佳甚耶？陆放翁梦至仙馆，得诗云："长廊下瞰碧莲沼，小阁正对青萝[7]峰。"便以为极胜之景。予此中颇有之[8]，可不谓之佳梦耶？香山诗云："多道人生都是梦，梦中欢乐亦胜愁。"[9]人既在梦中，则宜税驾[10]咀嚼其梦，而不当为梦幻泡影之嗟[11]。予固将以此为睡乡[12]，而不复从邯郸道上，向道人借黄粱枕也[13]。

【注释】

[1] 收揽：尽揽概观。

[2] 竹杪松梢：松、竹的末梢。

[3] 构：架设，建筑。

[4] 耸峙：高起屹立。

[5] 小斋三楹：小屋三间。斋，燕居之室。楹，房屋一间曰一楹。

[6] 使：假使，如果。

[7] 青萝，青色的常青藤。

[8] 颇有之：颇有，很有。之，指胜景。

[9] "多道人生"两句：出自白居易《城上夜宴》诗。

[10] 税驾：犹言解驾，停车休息之义。

[11] 嗟：叹息。

[12] 睡乡：睡梦之境。

[13] "邯郸道上"二句：用"黄粱一梦"的典故，指不再追求荣华富贵之意。

圃翁曰：人生于珍异之物，决不可好。昔端恪公^[1]言："士人于一研一琴，当得佳者；研可适用，琴能发音，其他皆属无益。"良然。磁器最不当好。瓷佳者必脆薄，一盏^[2]值数十金，僮仆捧持，易致不谨，过于矜束^[3]，反致失手。朋友欢宴^[4]，亦鲜乐趣，此物在席，宾主皆有戒心，何适意^[5]之有？瓷取厚而中等者，不至大粗，纵有倾跌，亦不甚惜，斯为得中之道也。名画法书^[6]及海内有名玩器，皆不可畜^[7]。从来贾祸招尤^[8]，可为龟鉴。购之不啬千金，货^[9]之不值一文。且从来真赝^[10]难辨，变幻奇于鬼神。装潢易于窃换，一轴得善价，继至者遂不旋踵^[11]。以伪为真，以真为伪，互相讪笑，止可供喷饭^[12]。昔真定梁公有画字之好，竭生平之力收之，捐馆^[13]后为势家所求索殆尽。然虽与以佳者，辄谓非是^[14]，疑其藏匿，其子孙深受斯累，可为明鉴者也。

【注释】

[1] 端恪公：姚文然，字弱侯，号龙怀，谥端恪，清初名臣、文学家。

[2] 盏：酒器。

[3] 矜束：庄重约束。

[4] 宴：宴请朋友。

[5] 适意：轻松自在。

[6] 法书：即书法。艺术境界高可为取法的书法作品。

[7]　畜：存藏。

[8]　贾祸招尤：带来怨恨和灾祸。

[9]　货：指卖。

[10]　赝：指仿制品或假货。

[11]　不旋踵：来不及回转脚步，比喻迅速。

[12]　喷饭：吃饭时突然发笑，把嘴里的饭都喷了出来，比喻失笑不能自禁。

[13]　捐馆：去世。捐，弃。人死则弃其所住之馆舍，故曰捐馆。

[14]　辄谓非是：每每以为不是真品。

圃翁曰：天体至圆，故生其中者无一不肖[1]其体。悬象[2]之大者，莫如日月。以至人之耳目手足、物之毛羽、树之花实。土得雨而成丸，水得雨而成泡，凡天地自然而生皆圆。其方者，皆人力所为。盖禀天之性者，无一不具天之体。万事做到极精妙处，无有不圆者。圣人之德，古今之至文法帖[3]，以至一艺一术，必极圆而后登峰造极。裕亲王[4]曾畅言其旨，适与予论相合。偶论及科场文[5]，想必到圆处始佳。即饮食做到精美处，到口也是圆底。余尝观四时之旋运[6]，寒暑之循环，生息之相因，无非圆转。人之一身与天时相应，大约三四十以前是夏至前，凡事渐长；三四十以后是夏至后，凡事渐衰，中间无一刻停留。中间盛衰关头无一定时候，大概在三四十之间。观于须发可见：其衰缓者，其寿多；其衰急者，其寿寡。人身不能不衰，先从上而下者多寿，故古人以早脱顶为寿征；先从下而上者，多不寿，故须发如故而脚软者难治。凡人家道亦然，盛衰增减，决无中立之理。如一树之花，开到极盛，便是摇落之期。多方保护，顺其自然，犹恐其速开，况敢以火气[7]催逼之乎？京师温室之花，能移牡丹、各色桃于正月，然花不尽其分量[8]，一开之后，根干辄萎。此造化之机，不可不察也。尝观草木之性，亦随天地为圆转，梅以深冬为春；桃、李以春为春；榴、荷以夏为春；菊、桂、芙蓉以秋为春。观其节枝含苞之处，浑然[9]天地造化之理。故曰："复，其见天地之心乎[10]！"

【注释】

[1]　肖：类似。

[2]　悬象：天象，指日月星辰。

[3]　至文法帖：好文章和名家书法的范本。

[4]　裕亲王：清世祖顺治第二子，名福全，康熙六年（1667）封亲王。

[5]　科场文：参加科举应试的文章。

[6]　旋运：旋转运行。

[7]　火气：用人工方式加高温度。

[8]　分量：力量。

[9]　浑然：全然，整个事物不可分别之状。

[10]　"复，其见天地之心乎"：出自《易经·复卦》的《象传》："复，其见天地之心乎！"复卦为坤上震下合成之卦。

复卦代表一月，春天的开始，阳气萌动，万物生发，《易传》言："天地之大德曰生。"所以说见天地之心。

圃翁曰：人往往于古人片纸只字，珍如拱璧。其好之者，索价千金。观其落笔神彩，洵[1]可宝矣。然自予观之，此特一时笔墨之趣所寄耳。

若古人终身精神识见，尽在其文集中，乃其呕心刬肺[2]而出之者。如白香山、苏长公[3]之诗数千首，陆放翁之诗八十五卷。其人自少至老，仕宦之所历，游迹之所至，悲喜之情，怫愉[4]之色，以至言貌馨欬[5]，饮食起居，交游酬错[6]，无一不寓其中。较之偶尔落笔，其可宝不且[7]万倍哉！予怪世人于古人诗文集不知爱，而宝其片纸只字，为大惑也。

余昔在龙眠，苦于无客为伴。日则步屧[8]于空潭碧涧、长松茂竹之侧；夕则掩关[9]读苏、陆诗。以二鼓为度，烧烛焚香煮茶，延两君子于坐，与之相对，如见其容貌须眉然。诗云："架头苏陆有遗书，特地携来共索居[10]。日与两君同卧起，人间何客得胜渠[11]？"良非解嘲[12]语也。

【注释】

[1]　洵：实在，真的。

[2]　呕心刬（guì）肺：指构思诗文时劳心苦虑、费尽心力。刬，伤，割。

[3]　苏长公：指苏轼。

[4]　怫愉：抑郁和欢乐。

[5]　謦欬（qǐng kài）：指谈笑。

[6]　酬错：交际交游。错，交互。

[7]　且：将近。

[8]　步屧（xiè）：步行、行走。屧，木屐。

[9]　掩关：闭门。关，横持门户之木。

[10]　索居：离开众人独自散处一方。

[11]　渠：即他。

[12]　解嘲：因被他人嘲笑而自为解释。

圃翁曰：予尝言享山林之乐者，必具四者而后能长享其乐，实有其乐，是以古今来不易觏[1]也。四者维何？曰道德，曰文章，曰经济，曰福命[2]。所谓道德者，性情不乖戾，不谿刻[3]，不褊狭[4]，不暴躁，不移情于纷华，不生嗔[5]于冷暖。居家则肃雍[6]闲静，足以见信于妻孥；居乡则厚重谦和，足以取重[7]于邻里；居身[8]则恬淡寡营[9]，足以不愧于衾影[10]。无忤于人，无羡于世，无争于人，无憾于己。然后天地容其隐逸，鬼神许其安享。无心意颠倒之病，无取舍转徙[11]之烦。此非道德而何哉？

佳山胜水，茂林修竹，全恃我之性情识见取之。不然，一见而悦，数见而厌心生矣。或吟咏古人之篇章，或抒写性灵之所见，一字一句，便可千秋相契，无言亦成妙谛[12]。古人所谓："行到水穷处，坐看云起时。"[13]又云："登东皋以舒啸，临清流而赋诗。"[14] 断非不解笔墨人所能领略。此非文章而何哉？

夫茅亭草舍，皆有经纶 [15]；菜垄瓜畦 [16]，具见规划；一草一木，其布置亦有法度。淡泊而可免饥寒，徒步而不致委顿 [17]。良辰美景，而匏樽 [18] 不空；岁时伏腊 [19]，而鸡豚可办。分花乞竹 [20]，不须多费，而自有雅人深致 [21]；疏池结篱，不烦华侈，而皆能天然入画。此非经济而何哉？

从来爱闲之人，类 [22] 不得闲；得闲之人，类不爱闲。公卿将相，时至则为之。独是山林清福，为造物之所深吝。试观宇宙间几人解脱，书卷之中亦不多得。置身在穷达毁誉 [23] 之外，名利之所不能奔走，世味 [24] 之所不能缚束。室有莱妻 [25]，而无交谪 [26] 之言；田有伏腊 [27]，而无乞米之苦。白香山所谓"事了心了 [28]"。此非福命而何哉？

四者有一不具，不足以享山林清福。故举世聪明才智之士，非无一知半见，略知山林趣味，而究竟不能身入其中，职 [29] 此之故也。

【注释】

[1]　觏（gòu）：遇见。

[2]　经济、福命：经济，指经世济民；福命，指福分与命运。

[3]　谿（xī）刻：指刻薄。

[4]　褊（biǎn）狭：度量狭小。

[5]　生嗔（chēn）：发怒。

[6]　肃雍：恭敬平和。

[7]　取重：见重，以他为有德者而敬重之。

[8]　居身：立身处世。

[9]　寡营：不钻营谋利，指淡薄名利。

[10]　无愧于衾（qīn）影：出自北齐刘昼《刘子·慎独》："独立不惭影，独寝不愧衾。"指无丧德败行之事。

[11]　转徙：辗转漂泊。

[12]　妙谛：佛教经典中的真言，指精妙的道理。

[13]　"行到水穷处"二句：出自王维《终南别业》，指走到水源的尽头，坐下来欣赏刚刚升起的云彩。

[14]　"登东皋以舒啸"二句：出自陶渊明《归去来兮辞》，指登上东边的高地放声歌唱，下来面对清澈的溪流吟作诗篇。

[15]　经纶：以整理丝缕之事来比喻规划政治，指治理国家的才能。经，理其绪而分之。纶，比其类而合之。

[16]　菜垄瓜畦（qí）：指田地。垄，田中高处。畦，田中一区谓一畦。

[17]　委顿：疲困、废坏。

[18]　匏樽（páo zūn）：用匏做的酒樽。匏，葫芦的一种，实圆大而扁。

[19]　岁时伏腊：古代两种祭祀的名称，分别在冬夏季节，在此泛指一年中的节日。岁时，季节。伏腊，指夏季的伏日及冬季的腊日。

[20] 分花乞竹：分棵花来栽，讨棵竹子种。指以自种之花与他人换竹。

[21] 雅人深致：风雅之人，意致深远。

[22] 类：大抵、都。

[23] 穷达毁誉：指困顿、显达、诽谤和称誉。

[24] 世味：人在世上所感受种种欲乐之况味。

[25] 莱妻：老莱之妻。春秋时，老莱子欲应楚王之召出仕，其妻止之。君子谓：老莱妻果于从善。后将"莱妻"作为贤妻的代称。语载于汉代刘向《列女传·贤明》。

[26] 交谪：交相责难。

[27] 田有伏腊：一年到头田中皆有收获。

[28] 事了心了：出自白居易《自在》诗："心了事未了，饥寒迫于外。事了心未了，念虑煎于内。"

[29] 职：由于。

　　圃翁曰：予于归田之后，誓不著缎，不食人参。夫古人至贵，犹服三浣之衣[1]。缎之为物，不可洗，不可染，而其价六七倍于湖州绉绸与丝绸[2]，佳者三四钱一尺，比于一匹布之价。初时华丽可观，一沾灰油，便色改而不可浣洗。况予素性疏忽，于衣服不能整齐，最不爱华丽之服。归田后惟著绒、褐[3]、山茧[4]、文布[5]、湖绸，期于适体养性。冬则羔裘[6]，夏则蕉葛[7]，一切珍裘细縠[8]，悉屏弃之，不使外物妨吾坐起也。老年奔走应事务，日服人参一二钱。

细思吾乡米价，一石不过四钱，今日服参，价如之或倍之^[9]，是一人而兼百余人糊口之具，忍^[10]孰甚焉？侈孰甚焉？夫药性原以治病，不得已而取效于旦夕，用是补续血气，乃竟以为日用寻常之物，可乎哉？无论物力不及，即及亦不当为。予故深以为戒。倘得邀恩遂初^[11]，此二事断然不渝^[12]吾言也。

【注释】

[1]　三浣之衣：经过多次洗涤的粗质衣服。

[2]　绸：丝织物的通称。

[3]　绒：细布。褐，粗布衣服。古时候贫贱之人所穿的衣服。

[4]　山茧：指用山蚕茧制成的布。

[5]　文布：有花纹的布。

[6]　羔裘：用羔羊皮制的衣服。古时候为诸侯、公卿、大夫的朝服。

[7]　蕉葛：用蕉麻纤维织成的布。

[8]　珍裘细縠（hú）：珍贵的皮衣，精细的纱绸。縠，有皱纹的纱。

[9]　如之或倍之：相等或加倍。

[10]　忍：狠心。

[11]　邀恩遂初：谋求恩准，完成归田的心愿。遂，完成。初，本意，指辞去官职隐去。

[12]　不渝：不改变。

圃翁曰：予性不爱观剧，在京师一席之费，动逾数十金。徒有应酬之劳，而无酣适之趣，不若以其费济困赈急，为人我利溥[1]也。予六旬[2]之期，老妻礼佛时，忽念：诞日例，当设梨园[3]宴亲友。吾家既不为此，胡不将此费制绵衣绔百领，以施道路饥寒之人乎？次日为余言，笑而许之。予意欲归里时，仿陆梭山[4]居家之法：以一岁之费，分为十二股，一月用一分，每日于食用节省。月晦[5]之日，则总一月之所余，别作一封，以应贫寒之急。能多作好事一两件，其乐逾于日享大烹之奉[6]多矣！但在勉力[7]而行之。

【注释】

[1]　溥：大。

[2]　六旬：此指六十岁。

[3]　梨园：指戏剧演出。唐玄宗时，曾于梨园中教授艺人，后遂以梨园为演戏之所。

[4]　陆梭山：指南宋陆九韶。学问渊粹，隐居不仕，与学者讲学于梭山，因号梭山居士。

[5]　月晦：即月尽之日，阴历每月最后一天。

[6]　大烹之奉：丰盛的食物。

[7]　勉力：尽力。

圃翁曰：古人美王司徒之德，曰"门无杂宾"[1]，此最有味。大约门下奔走之客，有损无益。主人以清正、高简[2]、安静为美，于彼何利焉？可以啖[3]之以利，可以动之以名，可以怵[4]之以利害，则欣动[5]其主人。主人不可动，则诱其子弟，诱其僮仆：外探无稽之言，以荧惑[6]其视听；内泄机密之语，以夸示其交游。甚且以伪为真，将无作有，以侥幸其语之或验，则从中而取利焉。或居要津[7]之位，或处权势之地，尤当远之益远也。又有挟术技以游者，彼皆借一艺以售其身[8]，渐与仕宦相亲密，而遂以乘机遘会[9]，其本念决不在专售其技也。挟术以游者，往往如此。故此辈之朴讷迂钝[10]者，犹当慎其晋接[11]。若狡黠便佞[12]，好生事端，踪迹诡秘者，以不识其人，不知其姓名为善。勿曰："我持正，彼安能惑我？我明察，彼不能蔽我！"恐久之自堕其术中，而不能出也。

【注释】

[1]　门无杂宾：指家中没有杂七杂八的客人，谓不妄交接。

[2]　清正、高简：清正、简约。

[3]　啖（dàn）：饵诱。

[4]　怵（chù）：引诱、诱惑。

[5]　欣动：宾客欣喜于说动主人。

[6]　荧惑：迷惑。

[7]　要津：重要的渡口，比喻显要的职位。

[8]　售其身：推销自己。其，指宾客。

[9]　遘（gòu）会：攀附，相遇聚合。

[10] 朴讷迂钝：朴拙木讷迂直愚钝。

[11] 晋接：本谓人臣升进而蒙天子接见。

[12] 狡黠便佞：狡黠，诡诈。巧言善辩，阿谀奉承。

圃翁曰：移树之法，江南以惊蛰[1] 前后半月为宜。大约从土掘出之根，最畏春风，故须用土裹密，用草包之，不宜见风，甚不宜于隔宿[2]。所以吴门、建业来卖花者，行千里经一月而犹活，乃用金汁土[3] 密护其根，不使露风[4] 之故。近地移植反不活者，不知此理之故也。其新生细白根，系生气所托[5]，尤不当损。人但知深根固蒂，不知亦不宜太深种植。书谓："加旧迹[6] 一指。"若太深，则泥水伤树皮，断然[7] 不茂矣！

凡树大约花时[8] 移，则彼精脉[9] 在枝叶，易活，于桂尤甚。花已有蓓蕾，移之多开，然此最泄气[10]。故移树而花盛开者，多不活；惟叶茂，则其树必活矣。牡丹移在秋，当春宜尽去其花，若少爱惜，则其气泄，树即活亦不茂，数年后多自萎。树之作花[11] 甚不易，气泄则本伤。古人云："再实之木，其根必伤。[12]"人之于文章功名也，亦然。不可不审也。

【注释】

[1] 惊蛰：节气名，在阳历三月五日或六日。此时气温上升，土地解冻，蛰伏过冬的动物惊起活动。故名惊蛰。

[2] 隔宿：过了一夜。

[3]　金汁土：以粪汁浇过的土。

[4]　露风：本为寒气，今指暴露风中。

[5]　生气所托：生长气息所寄托。

[6]　旧迹：移植前根干露出土面的痕迹。

[7]　断然：绝对。

[8]　花时：花期。

[9]　精脉：精气血脉，此处指植物的生命力。

[10]　泄气：不能保持固有的精力。

[11]　作花：开花。

[12]　再实之木，其根必伤：果树一年两次结实，根部会损伤。

　　圃翁曰：予少年嗜六安茶[1]，中年饮武夷[2] 而甘，后乃知岕茶[3] 之妙。此三种可以终老，其他不必问矣。岕茶如名士[4]，武夷如高士[5]，六安如野士[6]，皆可为岁寒之交。六安尤养脾，食饱最宜，但鄙性好多饮茶，终日不离瓯[7] 碗，为宜节约耳！

【注释】

[1]　六安茶：安徽省六安所产的茶，产自霍山县大独山，旧例于四月初八日进贡之后，始得发售。

[2]　武夷：武夷茶为福建省武夷山所产红茶。

[3]　岕（jiè）茶：产于浙江省长兴县的罗岕山，为长兴茶之最上品。

[4]　名士：指恃才放达、不拘小节之士。

[5]　高士：志行高洁之士。

[6]　野士：鄙野之士，质朴之人。

[7]　瓯（ōu）：指用以酌酒饮茶之具。

圃翁曰：《论语》云："不知命，无以为君子。"[1]考亭[2]注："不知命，则见利必趋，见害必避，而无以为君子。"予少奉教于姚端恪公，服膺斯语。每遇疑难踌躇之事，辄依据此言，稍有把握。古人言"居易以俟命"[3]，又言"行法以俟命"[4]。人生祸福荣辱得丧，自有一定命数，确不可移。审此，则利可趋而有不必趋之利，害宜避而有不能避之害。利害之见既除，而为君子之道始出，此"为"字甚有力。既知利害有一定，则落得做好人也。权势之人，岂必与之相抗以取害？到难于相从[5]处，亦要内不失己果，谦和以谢之，宛转以避之，彼亦未必决能祸我。此亦命数宜然，又安知委曲从彼之祸不更烈于此也？使我为州县官，决不用官银媚上官，安知用官银之祸，不甚于上官之失欢[6]也？

昔者米脂令[7]萧君，掘李贼[8]之祖坟。贼破京师后获萧君，置军中，欲甘心焉[9]？挟至山西，以二十人守之。萧君夜遁，后复为州守[10]，自著《虎吻余生》记其事。李贼杀人数十万，究不能杀一萧君。生死有命，宁不信然[11]耶？

予官京师日久，每见人之数[12]应为此官，而其时本无此一缺；有人焉竭力经营，干办停当，而此人无端值之[13]，或反为此人之所不欲，且滋诟詈[14]。如此者，不一而足，此亦举世之人共知之，而当局则往往迷而不悟。其中之求速反迟，求得反失，彼人为此人而谋，此事因彼事而坏，颠倒错乱，不可究诘[15]。人能将耳目闻见之事，平心体察，亦可消许多妄念[16]也！

【注释】

[1]　"论语"句：出自《论语·尧曰》篇："不知命，无以为君子也。不知礼，无以立也。不知言，无以知人也。"

[2]　考亭：在今福建省，指南宋大儒朱熹。朱熹，字元晦，号晦庵。宋代理学集大成者、思想家。朱熹晚年居此，建沧州精舍。讲学之所曰"考亭"，世称考亭先生。

[3]　居易以俟命：出自《中庸章句》第十四章："君子居易以俟命，小人行险以侥幸。"俟，等待。

[4]　行法以俟命：出自《孟子·尽心下》："君子行法以俟命而已矣。"奉公守法，等候天命到临。

[5]　相从：跟随。

[6]　失欢：失去别人的欢心。

[7]　米脂令：应指明末静海人边大绶，边大绶曾为米脂县令，曾奉诏发掘李自成的祖坟。后被李自成俘获，但又侥幸得以逃脱。

[8]　李贼：对明末起义领袖李自成的称呼。李自成，米脂人，自称闯王。崇祯十七年，陷京师。清兵入关后，兵败自杀

于九宫山。

[9]　欲甘心焉：想要杀之而后快。

[10]　州守：指绥德州太守。

[11]　宁不信然：难道不是这样吗？

[12]　数：气数，运数。

[13]　无端值之：无缘无故遇上。值，逢。

[14]　且滋诟詈（lì）：同时还加上一些批评谩骂。詈，责骂。

[15]　究诘：追问原委。

[16]　妄念：虚妄的或不正当的念头。

　　圃翁曰：人生适意之事有三：曰贵、曰富、曰多子孙。然是三者，善处之则为福，不善处之则足为累。至为累而求所谓福者，不可见矣！何则？高位者，责备之地[1]，忌嫉之门，怨尤之府，利害之关，忧患之窟，劳苦之薮[2]，谤讪之的[3]，攻击之场，古之智人往往望而却步[4]。况有荣则必有辱，有得则必有失，有进则必有退，有亲则必有疏。若但计丘山之得[5]，而不容铢两之失[6]，天下安有此理？但己身无大谴过[7]，而外来者[8]平淡视之，此处贵之道也。

　　佛家以货财为五家公共之物：一曰国家；二曰官吏；三曰水火；四曰盗贼；五曰不肖子孙。夫人厚积，则必经营布置，生息防守，其劳不可胜言；则必有亲戚之请求，贫穷之怨望，僮仆之奸骗；大而盗贼之劫取，小而穿窬之鼠窃[9]；经商之亏折，行路之失脱，田禾之灾伤，攘夺之争讼[10]，子弟之浪费；种种之苦，贫者不知，惟富厚者兼而有之。人能知富之为累，则取之当廉，而不必厚积以招怨；视之当淡，而不必深恨以累心。思我既有此财货，彼贫穷者不取我而取谁？不怨我而怨谁？平心息忿，庶不为外物所累。俭于居身，而裕于待物；薄于取利，而谨于盖藏[11]，此处富之道也。

至子孙之累尤多矣！少小则有疾病之虑，稍长则有功名之虑，浮奢不善治家之虑，纳交匪类之虑。一离膝下，则有道路寒暑饥渴之虑，以至由子而孙，展转无穷，更无底止。夫年寿既高，子息蕃衍，焉能保其无疾病痛楚之事？贤愚不齐，升沉各异[12]，聚散无恒，忧乐自别。但当教之孝友，教之谦让，教之立品，教之读书，教之择友，教之养身，教之俭用，教之作家[13]。其成败利钝，父母不必过为萦心[14]；聚散苦乐，父母不必忧念成疾。但视己无甚刻薄，后人当无倍出[15]之患；己无大偏私，后人自无攘夺之患；己无甚贪婪，后人自当无荡尽之患。至于天行之数[16]，禀赋之愚，有才而不遇，无因而致疾，延良医慎调治，延良师谨教训，父母之责尽矣！父母之心尽矣！此处多子孙之道也。

予每见世人处好境，而郁郁不快，动多悔吝忧戚[17]，必皆此三者之故。由不明斯理，是以心褊见隘[18]，未食其报[19]，先受其苦。能静体吾言，于扰扰[20]之中，存荧荧[21]之亮，岂非热火坑中一服清凉散，苦海波中一架八宝筏[22]哉！

【注释】

[1] 责备之地：指责批评的对象。

[2] 劳苦之薮（sǒu）：劳心尽力所在。薮，湖泽、深渊。

[3] 谤讪之的：毁谤讥刺的目标。

[4] 却步：退缩不前。

[5] 丘山之得：得到的很多。

[6] 铢两之失：损失的很少。

[7] 谴过：过错，过失。

[8] 外来者：指前文所说的"责备、忌嫉、怨尤、利害、忧患、劳苦、谤讪、攻击"。

[9] 穿窬（yú）之鼠窃：穿垣跳墙，指小偷小摸。窬，从墙上爬过去。

[10] 攘夺之争讼：因偷窃抢夺而引起的诉讼官司。

[11] 盖藏：指府库仓廪中所掩盖覆藏之物。

[12] 升沉各异：得意或失意，处境各有不同。

[13] 作家：积储货财，兴立家业。

[14] 萦心：旋绕在心，指操心。

[15] 倍出：即"悖出"，指财物在不合情理的情况下失去，如被人巧夺或浪费已尽。

[16] 天行之数：天命运数所在。

[17] 悔吝忧戚：悔恨顾惜、忧虑烦恼。

[18] 心褊见隘：心胸窄小且见地狭隘。

[19] 未食其报：尚未享受到好处。

[20]　扰扰：纷乱的样子。

[21]　荧荧：微弱的光亮。

[22]　八宝筏：佛教用语。八宝合成之筏，指引导众生渡过苦海到达彼岸的佛法。

　　圃翁曰：予自四十六七以来，讲求安心之法：凡喜怒哀乐、劳苦恐惧之事，只以五官四肢应之，中间有方寸之地 [1]，常时空空洞洞、朗朗惺惺 [2]，决不令之入，所以此地常觉宽绰洁净。予制为一城，将城门紧闭，时加防守，惟恐此数者 [3] 阑入 [4]。亦有时贼势甚锐，城门稍疏，彼间或 [5] 阑入，即时觉察，便驱之出城外，而牢闭城门，令此地仍宽绰洁净。十年来渐觉阑入之时少，不甚用力驱逐。然城外不免纷扰，主人居其中，尚无浑忘天真之乐。倘得归田遂初 [6]，见山时多，见人时少，空潭碧落，或庶几 [7] 矣！

【注释】

[1]　方寸之地：指内心。

[2]　朗朗惺惺：光明而清晰的样子。

[3]　数者：指喜怒哀乐、劳苦恐惧之事。

[4]　阑入：混入。

[5]　间或：偶尔。

[6]　归田遂初：辞官归隐，完成本来的心愿。

[7]　庶几：差不多。

圃翁曰：予之立训，更无多言，止有四语：读书者不贱，守田者不饥，积德者不倾，择交者不败。尝将四语律身训子[1]，亦不用烦言呓说[2]矣。虽至寒苦之人，但能读书为文，必使人钦敬，不敢忽视。其人德性亦必温和，行事决不颠倒，不在功名之得失，遇合之迟速也。守田之说，详于《恒产琐言》[3]。积德之说，六经、语孟、诸史百家[4]，无非阐发此义，不须赘说。择交之说，予目击身历，最为深切。此辈毒人，如鸩之入口，蛇之螫肤，断断不易[5]，决无解救之说，尤四者之纲领也。余言无奇，止布帛菽粟[6]，可衣可食，但在体验亲切耳。

【注释】

[1] 律身训子：自己以此为律，同时以此教化子孙。

[2] 烦言呓说：琐碎而繁多的议论。

[3] 《恒产琐言》：张英著，告诫子弟如何保守田产和家业。

[4] 六经、语孟、诸史百家：指《诗》、《书》、《礼》、《易》、《乐》、《春秋》、《论语》、《孟子》、各种史书和诸子百家之言。

[5] 断断不易：绝对不可改变。

[6] 布帛菽（shū）粟（sù）：平常的衣物和食品。帛，丝织品的总称。菽，豆类。粟，小米。

康熙三十六年丁丑春，大人[1]退食[2]之暇，随所欲言，取素笺书之，得八十四副，示长男廷瓒[3]。装成二册，敬置座右，朝夕览诵，道心自生，传示子孙，永为世宝。廷瓒敬识。

【注释】

[1]　大人：此处指张英。

[2]　退食：指大臣退朝就餐，休息。

[3]　长男廷瓒：张英的长子张廷瓒。张廷瓒，康熙十八年（1679）进士。

卷 二

　　圃翁曰：人生必厚重沉静，而后为载福之器[1]。王谢子弟[2]，席丰履厚[3]，田庐仆役，无一不具，且为人所敬礼，无有轻忽之者。视寒畯之士[4]，终年授读，远离家室，唇燥吻枯[5]，仅博束脩[6]数金，仰事俯育，咸取诸此。应试则徒步而往，风雨泥淖，一步三叹；凡此情形，皆汝辈所习见。仕宦子弟，则乘舆驱肥[7]，即僮仆亦无徒行者，岂非福耶？乃与寒士一体怨天尤人，争较锱铢得失，宁非过耶？古人云："予之齿者去其角，傅之翼者两其足。"[8]天道造物，必无两全。汝辈既享席丰履厚之福，又思事事周全，揆[9]之天道，岂不诚难？惟有敦厚谦谨，慎言守礼，不可与寒士同一感慨欷歔，放言高论，怨天尤人，庶不为造物鬼神所呵责也。况父祖经营多年，有田庐别业[10]，身则劳于王事[11]，不获安享。为子孙者，生而受其福，乃又不思安享，而妄想妄行，宁不大可惜耶！思尽人子之责，报父祖之恩，致乡里之誉，贻后人之泽，惟有四事：一曰立品，二曰读书，三曰养身，四曰俭用。世家子弟原是贵重，更得精金美玉[12]之品。言思可道，行思可法。不骄盈、不诈伪、不刻薄、不轻佻，则人之钦重较三公^[13]而更贵。

予不及见祖父^[14]（赠光禄公恂所府君），每闻乡人言其厚德，邑人仰之如祥麟威凤^[15]。方伯公^[16]己酉登科，邑人荣之，赠以联曰："张不张威，愿秉文文名天下；盛有盛德，期可藩藩屏王家^[17]。"至今桑梓^[18]以为美谈。

父亲^[19]赠光禄公拙庵府君，予逮事三十年，生平无疾言遽色^[20]，居身节俭，待人宽厚。为介弟^[21]未尝以一事一言干谒^[22]州县，生平未尝呈送一人。见乡里煦煦以和^[23]，所行隐德^[24]甚多，从不向人索逋欠^[25]，以故三世皆祀于乡贤。请主入庙之日^[26]，里人莫不欣喜，道盛德之报，是亦何负于人哉！予行年六十有一，生平未尝送一人于捕厅^[27]，令其呵谴之，更勿言笞责。愿吾子孙终守此戒，勿犯也。

【注释】

[1]　载福之器：能够承受福德的人。

[2]　王谢子弟：指望族的子孙。王、谢，东晋两大家族，世代为官，延至南朝而不衰。

[3]　席丰履厚：凭借祖先积业，享受豪华的生活。

[4]　寒畯（jùn）之士：出身贫寒而才能杰出的人。

[5]　唇燥吻枯：口干舌燥。

[6]　束脩（xiū）：十条干肉。古代敬师的礼物或酬金。

[7]　驱肥：骑乘肥壮的马。

[8]　"古人云"二句：天生利齿的动物，头上不长角；天生双翅

的动物，就只长两只脚。比喻任何事物不可能十全十美。

[9]　揆：衡量。

[10]　别业：别墅。

[11]　劳于王事：勤于政事。

[12]　精金美玉：比喻纯良温和的人品。

[13]　三公：古代高级官爵之名，历代各有不同，周朝曰"太师、太傅、太保"，东汉曰"太尉、司徒、司空"。

[14]　祖父：张英祖父张四维，字立甫。张英官至大学士后，追封三代，父亲、祖父皆赠光禄大夫之号。府君，对于逝者的敬称。

[15]　祥麟威凤：麒麟、凤凰，代表祥瑞和威仪，指德高望重之人。

[16]　方伯公：张秉文，字含之。万历年间进士。

[17]　可藩：即盛可藩，字屏之，万历年间举人。藩屏王家：为帝王之家的藩篱、屏障。

[18]　桑梓：出自《诗经·小雅·小弁》："维桑与梓，必恭敬止。"东汉以来，桑梓指故乡或乡亲父老。

[19]　父亲：张英之父张秉彝，字孩之，县学生。追赠为光禄大夫。

[20]　遽色：急躁的表情。

[21]　介弟：对他人弟弟的尊称，亦指自己弟弟的爱称，此处指后者。指张秉彝在家中为弟。

[22]　干谒：为有所求而去求见。

[23] 煦煦以和：温和的样子。

[24] 隐德：施德于人而不为人所知。

[25] 逋欠：拖欠的钱粮。

[26] 请主入庙：持祖先牌位，安放于宗庙中。

[27] 捕厅：指县衙中的杂官，负责缉拿盗贼等杂务。

不足，则断不可借债；有余，则断不可放债。权子母[1]起家，惟至寒之士稍可，若富贵人家为之，敛怨[2]养奸，得罪招尤[3]，莫此为甚。

乡里间，荷担负贩及佣工小人，切不可取其便宜。此种人所争不过数文，我辈视之甚轻，而彼之含怨甚重。每有愚人，见省得一文，以为得计，而不知此种人心忿口碑[4]，所损实大也。待下我一等之人，言语辞气最为要紧。此事甚不费钱，然彼人受之，同于实惠，只在精神照料得来，不可惮烦，《易》所谓"劳谦[5]"是也。予深知此理，然苦于性情疏懒，惮于趋承[6]，故我惟思退处山泽，不要见人，庶少斯过[7]，终日懔懔[8]耳。

【注释】

[1] 权子母：母为本钱，子为利息。指以资本经营或借债生息。

[2] 敛怨：聚集怨仇。

[3] 招尤：招来怨恨。

[4] 心忿口碑：心中愤恨而嘴上到处传说。

[5] 劳谦：出自《易经·谦卦》："劳谦，君子有终，吉。"
有功劳而仍能谦虚，君子必有好结果。

[6] 趋承：逢迎奉承。

[7] 庶少斯过：希望可以少犯这种过错。

[8] 懔懔：严正的样子。

读书固所以取科名、继家声[1]，然亦使人敬重。今见贫
贱之士，果胸中淹博[2]，笔下氤氲[3]，则自然进退安雅，言谈
有味。即使迂腐不通方[4]，亦可以教学授徒，为人师表。至
举业[5]乃朝廷取士之具，三年开场大比[6]，专视此为优劣。
人若举业高华秀美，则人不敢轻视。每见仕宦显赫之家，其
老者或退或故，而其家索然[7]者，其后无读书之人也；其家
郁然[8]者，其后有读书之人也。山有猛兽，则藜藿[9]为之
不采；家有子弟，则强暴为之改容，岂止掇青紫[10]、荣宗
祊[11]而已哉？予尝有言曰"读书者不贱"，不专为场屋[12]
进退而言也。

【注释】

[1] 取科名、继家声：求取科举功名，继承家世声誉。

[2] 淹博：犹渊博，见多识广之义。

[3] 氤氲（yīn yūn）：烟气、烟云弥漫的样子，气或光混合
动荡的样子。这里指文章写得好。

[4] 迂腐不通方：拘泥鄙陋而不知变通。方，法术，技艺。

[5]　举业：科举时代应试的文字。

[6]　大比：举行科举考试。

[7]　索然：离散零落的样子。

[8]　郁然：兴盛的样子。

[9]　藜藿（lí huò）：贱菜，指粗劣的饭菜。藜，像蓬一类的草。藿，豆叶。

[10]　掇（duō）青紫：取得高位贵官。掇，拾取。青紫，指高位贵官。汉制，公侯印绶紫色，九卿青色。

[11]　荣宗祊（bēng）：光宗耀祖之义。宗祊，宗庙。祊，宗庙门。

[12]　场屋：科举时代士子应试的场所。亦称科场。

　　父母之爱子，第一望其康宁[1]，第二冀[2]其成名，第三愿其保家。《语》曰："父母惟其疾之忧。"[3] 夫子以此答武伯之问孝。至哉斯言[4]！安其身以安父母之心，孝莫大焉。

　　养身之道，一在谨嗜欲，一在慎饮食，一在慎忿怒，一在慎寒暑，一在慎思索，一在慎烦劳。有一于此，足以致病，以贻[5]父母之忧，安得[6]不时时谨凛[7]也！

【注释】

[1]　康宁：平安无病。

[2]　冀：希望。

[3]　"父母惟其疾之忧"：出自《论语·为政》。意指父母关

心子女身心健康。

[4] 至哉斯言：这句话说得真好。

[5] 贻：留下，留给。

[6] 安得：怎么可以。

[7] 谨凛：谨慎小心。

吾贻子孙，不过瘠田数处耳，且甚荒芜不治，水旱多虞[1]。岁入之数，谨足以免饥寒、畜[2]妻子而已。一件儿戏事做不得，一件高兴事做不得[3]。生平最喜陆梭山过日治家之法，以为先得我心，诚仿而行之，庶几无鬻[4]产荡家之患。予有言曰："守田者不饥[5]。"此二语足以长世[6]，不在多言。

凡人少年，德性不定，每见人厌之曰"悭[7]"，笑之曰"啬"，诮[8]之曰"俭"，辄[9]面发热，不知此最是美名。人肯以此诮之，亦最是美事，不必避讳。人生豪侠周密[10]之名至不易副，事事应之，一事不应，遂生嫌怨；人人周之，一人不周，便存形迹[11]。若平素俭啬，见谅于人，省无穷物力，少无穷嫌怨，不亦至便乎？

【注释】

[1] 水旱多虞：经常担心发生水患或旱灾。虞，忧虑。

[2] 畜：养。

[3] "一件"二句：意谓无法任凭自己的喜好做事。

[4]　鬻产：卖掉田产。鬻，卖。

[5]　不饥：不怕饥荒到来。

[6]　长世：历世久远，永存。

[7]　悭（qiān）：吝啬。

[8]　诮：讥刺。

[9]　辄：往往，就。

[10]　豪侠周密：做人讲义气，做事周到细密。

[11]　形迹：嫌疑。

　　四者[1]立身行己[2]之道，已有崖岸[3]，而其关键切要，则又在于择友。人生二十内外，渐远于师保[4]之严，未跻[5]于成人之列，此时知识大开，性情未定，父师之训不能入，即妻子之言亦不听，惟朋友之言，甘如醴[6]而芳若兰。脱[7]有一淫朋匪友，阑入其侧，朝夕浸灌，鲜有不为其所移者。从前四事，遂荡然[8]而莫可收拾矣！此予幼年时知之最切。

　　今亲戚中，倘有此等之人，则踪迹常令疏远，不必亲密。若朋友，则直以不识其颜面、不知其姓名为善。比之毒草哑泉，更当远避。芸圃有诗云："于今道上揶揄鬼，原是尊前妩媚人。"[9]盖痛乎其言之矣。择友何以知其贤否？亦即前四件能行者为良友；不能行者为非良友。

　　予暑中退休，稍有暇晷[10]，遂举胸中所欲言者，笔之于此。语虽无文，然三十余年涉履仕途[11]，多逢险阻，人情物理，知之颇熟，言之较亲。后人勿以予言为迂而远于事情也。

【注释】

[1]　四者：指立品、读书、养身、俭用。

[2]　立身行己：处世待人。

[3]　崖岸：边际。

[4]　师保：古时辅弼帝王和教导王室子弟的官员，有师有保，统称"师保"。泛指老师。

[5]　跻：登，升。

[6]　醴：甜酒，甘泉。

[7]　脱：假如，万一。

[8]　荡然：全部失去。

[9]　于今道上揶揄鬼，原是尊前妩媚人：今天路上嘲弄你的人，以前曾是你酒樽之前的嘉客。

[10]　暇晷（guǐ）：空闲的时日。晷，按照日影测定时刻的仪器，指时间。

[11]　涉履仕途：历经官场所积累的为人处世经验。

楷书如坐如立，行书如行，草书如奔。人之形貌虽不同，然未有倾斜跛侧为佳者。故作楷书，以端庄严肃为尚；然须去矜束拘迫之态，而有雍容[1]和愉之象。斯晋书之所独擅也。分行布白[2]，取乎匀净，然亦以自然为妙。《乐毅论》[3]如端人雅士[4]；《黄庭经》[5]如碧落[6]仙人；《东方朔画像赞》[7]如古贤前哲；《曹娥碑》[8]有孝女婉顺之容；《洛神赋》[9]有淑姿纤丽之态。盖各象其文，以为体要，有骨有肉。一行之间,自相顾盼。如树木之枝叶扶疏,而彼此相让;如流水之沦漪[10]杂见,而先后相承。未有偏斜倾侧,各不相顾,绝无神形,步伍[11]连络映带[12],而可称佳书者。细玩《兰亭》[13],委蛇[14]生动,千古如新。董文敏[15]书,大小疏密,于寻行数墨[16]之际,最有趣致,学者当于此参之。

【注释】

[1] 雍容:有威仪。

[2] 布白:布局留白。

[3] 《乐毅论》:三国魏夏侯玄作。小楷法帖,晋王羲之书。

[4] 端人雅士:正人君子。

[5] 《黄庭经》:道教典籍,阐发道家养生修炼之道,小楷法帖,为王羲之所书。

[6] 碧落:天空。

[7] 《东方朔画像赞》:法帖,晋王羲之书。像赞,画像上的赞语。

[8] 《曹娥碑》:曹娥墓前之碑。原为东汉上虞县令度尚,为孝女曹娥写的诔词。王羲之书。

[9] 《洛神赋》:原赋为魏曹植所作。此处指小楷法帖,著名的有晋王献之书十三行残本与元赵孟頫书两种。

[10] 沦漪(yī):水之波纹。

[11] 步伍:军队操演行进的队伍。

[12] 连络映带:衔接、照应、关联。

[13] 《兰亭》：晋王羲之为兰亭宴集所作之序。

[14] 委蛇（wēi yí）：绵延曲折。

[15] 董文敏：董其昌，字玄宰，清人避讳，常改玄为元，当复其旧，万历年间进士，卒谥文敏。明代著名文学家、书画家。

[16] 寻行数墨：一笔一画逐行地体味和鉴赏。

　　法昭禅师偈[1]云："同气连枝[2]各自荣，些些言语莫伤情。一回相见一回老，能得几时为弟兄？"词意蔼然[3]，足以启人友于[4]之爱。然予尝谓人伦有五[5]，而兄弟相处之日最长。君臣之遇合[6]，朋友之会聚，久速固难必也。父之生子，妻之配夫，其早者皆以二十岁为率[7]。惟兄弟或一二年，或三四年相继而生，自竹马游戏[8]，以至鲐背鹤发[9]，其相与周旋[10]，多者至七八十年之久。若恩意浃洽[11]，猜间不生[12]，其乐岂有涯哉？近时有周益公[13]，以太傅退休，其兄乘成先生[14]，以将作监丞退休，年皆八十，诗酒相娱者终其身。章泉赵昌甫兄弟[15]，亦俱隐于玉山之下，苍颜华发，相从于泉石之间，皆年近九十，真人间至乐之事，亦人间罕有之事也！

【注释】

[1] 偈（jì）：佛经中的唱词。

[2] 同气连枝：谓兄弟如同一棵树上相连的枝干。

[3]　蔼然：和气的样子。

[4]　友于：出自《尚书·君陈》："孝乎惟孝，友于兄弟。"
　　　兄弟之爱。

[5]　人伦有五：指君臣有义、父子有亲、夫妇有别、长幼有
　　　序、朋友有信。

[6]　遇合：相遇契合。

[7]　率：准则。

[8]　竹马游戏：儿童游戏，把竹竿当马骑，比喻童年。

[9]　鲐（tái）背鹤发：形容老年。鲐背，鲐鱼背有黑纹，老
　　　人皮肤有斑纹亦似之。鹤发，鹤羽为白色，老人头发斑白
　　　亦似之。

[10]　周旋：来往应接。

[11]　恩意浃（jiā）洽：感情融洽。

[12]　猜间不生：没有猜疑嫌忌。

[13]　周益公：周必大，字子充。南宋政治家，官至枢密使、右
　　　丞相，后封济国公。宋光宗时封益国公。

[14]　乘成先生：周必正，周必大的从兄，官至将作监丞。

[15]　章泉赵昌甫兄弟：赵藩，字昌父，号章泉，南宋名士。官
　　　至直秘阁。

　　　《论语》文字，如化工肖物[1]，简古浑沦[2]而尽事情，
平易含蕴[3]而不费辞[4]。于《尚书》《毛诗》[5]之外，别为
一种。《大学》《中庸》之文，极闳阔精微[6]而包罗万有。

《孟子》则雄奇跌宕[7]，变幻洋溢。秦汉以来，无有能此四种文字者，特以儒生习读而不察，遂不知其章法、字法[8]之妙也。当细心玩味[9]之。

【注释】

[1] 化工肖物：天工造化成自然万物。化工，自然的造化者。肖物，刻画事物。

[2] 简古浑沦：简洁古雅，浑然一体。浑沦，不分明。

[3] 平易含蕴：文字简单，内容却非常丰富。

[4] 费辞：无用之言。

[5] 《毛诗》：《诗经》毛传。汉代传诗者有鲁、齐、韩、毛四家。毛传，为西汉毛亨所作。

[6] 闳阔精微：广大精深。

[7] 雄奇跌宕：雄伟奇特，放逸不羁。

[8] 章法、字法：作诗文时，按抒情达理要求，依据体裁，安排全篇章节所遵循的法则，叫章法。写好文章字句的方法，叫字法。

[9] 玩味：寻绎其中深趣。

古人读《文选》[1]而悟养生之理，得力于两句，曰："石蕴玉而山辉，水涵珠而川媚。"[2]此真是至言[3]。尝见兰蕙芍药[4]之蒂间，必有露珠一点，若此一点为蚁虫所食，则花萎[5]矣。又见笋初出，当晓[6]则必有露珠数颗在其末，日出则露复敛[7]而归根，夕则复上。田间[8]有诗云"夕看露颗上梢[9]行"是也！若侵晓[10]入园，笋上无露珠，则不成竹，遂取而食之。稻上亦有露，夕现而朝敛。人之元气[11]，全在于此。故《文选》二语，不可不时时体察，得诀[12]固不在多也！

【注释】

[1]　《文选》:《昭明文选》，南朝梁昭明太子萧统编，为我国最早的诗文总集。

[2]　"石蕴玉而山辉"二句：出自晋陆机《文赋》:"石藏美玉，山必有光；水涵明珠，川则美好。"

[3]　至言：至切之言，至善之言。

[4]　兰蕙芍药：指高贵的植物。兰、蕙、芍药三者皆为香草。

[5]　萎：衰败。

[6]　当晓：正逢早晨。

[7]　敛：收，聚。

[8]　田间：钱澄之，字饮光，自号"田间老人"，以经济自负。明末政治家、文学家。

[9]　梢：树枝的顶尖。

[10]　侵晓：天渐明时。

[11]　元气：人的精气。

[12]　得诀：获得要诀。诀，在此指养生之理。

世人只因不知命、不安命，生出许多劳扰[1]。圣贤明明说与，曰："君子居易以俟命。"又曰"君子行法以俟命"，又曰"修身以俟之"，"不知命，无以为君子"。因知之真，而后俟之，安也。予历世故颇多，认此一字颇确。曾与韩慕庐[2]宿齐天坛[3]，深夜剧谈[4]。慕庐谈当年乡会考[5]时，乡试则有得售之想[6]，场中颇着意[7]。至会试殿试[8]，则全无心而得会[9]状。会试场[10]大风，吹卷欲飞，号中人[11]皆取石坚押，韩独无意。祝曰[12]："若当中，则自不吹去！"亦竟无恙。故其会试殿试文皆游行自在[13]，无斧凿痕[14]。予谓慕庐足下两掇魏科[15]，当是何如勇猛？以此言告人，人决不信，余独信之。何以故？予自谕德[16]后，即无意仕进，不止无竞进之心，且时时求退不已。乃由讲读学士[17]，跻学士，登亚卿正卿[18]，皆华膴清贵之官[19]。自傍人观之，不知是何如勇猛精进。以予自审[20]，则知慕庐之非妄矣！慕庐亦可以己事推之，而知予之非诳也，愿与世人共知之。

【注释】

[1]　劳扰：劳苦困扰。

[2]　韩慕庐：韩菼，字元少，别字慕庐。点勘诸经注疏，旁及诸史，以文章名世。

[3]　齐天坛：祭天的地方。

[4]　剧谈：畅谈、尽情交谈。

[5]　乡会考：明清两代，每三年一次在各省城举行的考试，

叫作乡试，应试者为秀才，及第者称举人。每三年在京城礼部举行的考试，叫作会试，应试者为举人，及第者称贡士。

[6]　得售之想：志在必得。

[7]　着意：用心。

[8]　殿试：由皇帝在殿廷上对贡士亲自策问的考试，又称廷试，及第者称进士。

[9]　得会：刚好遇上。

[10]　会试场：科举的考场。

[11]　号中人：科举考场中的考生。

[12]　祝曰：祈祷。

[13]　游行自在：信手拈来，毫不勉强。

[14]　无斧凿痕：非常自然，没有矫揉造作。

[15]　两掇巍科：两次考取第一。巍科，古代称科举考试名次在前者。

[16]　谕德：唐朝开始设置，秩正四品下，掌对皇太子教谕道德。

[17]　讲读学士：官名，指侍讲学士和侍读学士。

[18]　亚卿正卿：官名，诸侯以下极尊贵之臣。

[19]　华膴（wǔ）清贵之官：高官显要。华膴，华贵，显贵。

[20]　自审：自我检视。

　　予生平嗜卉木，遂成奇癖，亦自觉可哂[1]。细思天下歌舞声伎[2]、古玩书画、禽鸟博弈之属[3]，皆多费而耗物力，惹气^[4]而多后患，不可以训子孙。惟山水花木，差可自娱，而非人之所争。草木日有生意而妙于无知^[5]，损^[6]许多爱憎烦恼。

京师难于树植，艰于旷土^[7]。书阁中置盆花数种，滋培收护^[8]，颇费心力，然亦可少供耳目之玩。琴荐书幌^[9]，床头十笏之地^[10]，无非落花填塞，亦一佳话也。

古人佩玉，朝夕不离，义取温润坚栗^[11]。君子无故不撤琴瑟，义取和平温厚。故质性爽直者，恐近高亢^[12]，益当深体此意，以自箴砭^[13]，不可任其一往之性^[14]也。

【注释】

[1] 可哂：可笑。

[2] 伎：古代称以歌舞为业的女子。

[3] 禽鸟博弈之属：玩鸟赌博之类。

[4] 惹气：招引烦恼。

[5] 无知：本为不明事理，指草木没有知觉。

[6] 损：减少。

[7] 旷土：空旷之地。

[8] 滋培收护：浇水培土、收存保护。

[9] 琴荐书幌：读书弹琴处。荐，草席。书幌，书斋的帷幕。

[10] 十笏（hù）之地：喻距离之短。笏，古代大臣上朝拿着的手板，用玉、象牙或竹片制成，上面可以记事。

[11] 温润坚栗：温和柔润而又坚固不移。

[12] 高亢：骄傲不肯屈服。

[13] 箴砭：规劝过失。

[14] 一往之性：旧有的习性。

　　人生以择友为第一事。自就塾以后，有室有家，渐远父母之教，初离师保之严。此时乍得友朋，投契[1]缔交，其言甘如兰芷，甚至父母、兄弟、妻子之言，皆不听受，惟朋友之言是信。一有匪人[2]侧于间，德性未定，识见未纯，鲜未有不为其移者。余见此屡矣。至仕宦之子弟尤甚！一入其彀中[3]，迷而不悟，脱有尊长诫谕，反生嫌隙，益滋乖张[4]。故余家训有云："保家莫如择友。"盖痛心疾首[5]其言之也！

　　汝辈但于至戚中，观其德性谨厚，好读书者，交友两三人足矣！况内有兄弟，互相师友，亦不至岑寂[6]。且势利言之，汝则温饱，来交者岂能皆有文章道德之切劘[7]？平居则有酒食之费、应酬之扰。一遇婚丧有无，则有资给[8]称贷[9]之事，甚至有争讼[10]外侮，则又有关说救援之事。平昔既与之契密，临事却之[11]，必生怨毒反唇[12]。故余以为宜慎之于始也。

　　况且游戏征逐[13]，耗精神而荒正业，广言谈而滋是非，种种弊端，不可纪极。故特为痛切发挥之。昔人有戒："饭不嚼便咽，路不看便走，话不想便说，事不思便做。"洵为格言。予益[14]之曰："友不择便交，气不忍便动，财不审便取，衣不慎便脱。"

【注释】

[1]　投契：情意相合。

[2]　匪人：行为不正的人。

[3]　彀中：圈套之中。

[4]　益滋乖张：越生不和。乖张，背离。

[5]　痛心疾首：悔恨之极。痛心，伤心。

[6]　岑寂：孤独冷清。

[7]　切劘（mó）：切磋琢磨。

[8]　资给：资助，供给。

[9]　称贷：举债。

[10]　争讼：相争而起诉。

[11]　却之：退缩，拒绝。

[12]　反唇：翻脸，仇视。

[13]　征逐：朋友往来之繁密。

[14]　益：增加。

　　学字当专一。择古人佳帖或时人墨迹与己笔路相近者，专心学之。若朝更夕改，见异而迁，鲜有得成者。楷书如端坐，须庄严宽裕，而神彩自然掩映[1]。若体格不匀净[2]，而遽讲[3]流动，失其本矣！

　　汝小字可学《乐毅论》。前见所写《乐毅论》，大有进步，今当一心临仿之。每日明窗净几，笔精墨良，以白奏本纸[4]，临四五百字，亦不须太多，但工夫不可间断。纸画乌丝格^[5]，古人最重分行布白，故以整齐匀净为要。学字忌飞动草率，大小不匀，而妄言奇古磊落^[6]，终无进步矣。

行书亦宜专心一家。赵松雪^[7]佩玉垂绅^[8]，丰神清贵，而其原本则出于《圣教序》^[9]《兰亭》，犹见晋人风度，不可訾议^[10]之也。汝作联字^[11]，亦颇有丰秀之致。今专学松雪，亦可望其有进，但不可任意变迁耳。

【注释】

[1]　掩映：隐约映照，即逐渐显现之义。

[2]　体格不匀净：结体的法度不匀称、纯粹。

[3]　遽讲：匆忙讲求。

[4]　奏本纸：具疏上奏朝廷时所用的纸。

[5]　乌丝格：以墨线在笺纸上画出的格子。

[6]　奇古磊落：奇特古朴、错落有致。

[7]　赵松雪：赵孟頫，元代书法绘画大家，字子昂，号松雪道人。宋代宗室，颇得元世祖赏识，官至翰林学士承旨。

[8]　佩玉垂绅：原指任官者的装饰。形容赵松雪书法高贵庄重。

[9]　《圣教序》：唐碑名，即《大唐三藏圣教序》，由沙门怀仁以王羲之书法集字而成，内容为太宗述玄奘法师至西域求经译经之事。

[10]　訾（zī）议：非议、批评。

[11]　联字：楹联的字。

龙眠芙蓉溪，吾朝夕梦寐所在也。垂云泮^[1]，天然石壁，上倚青山，下临流水，当为吾相度^[2]可亭^[3]之地，期于对石枕流^[4]。双溪草堂前，引南北二涧为两池，中一闸^[5]相通，一种莲，一种鱼^[6]。制扁舟^[7]，容五六人，朱栏翠椽^[8]，兰桨桂棹^[9]，从芙蓉溪亭登舟，至舣舟亭^[10]登岸，襟带吾庐^[11]。汝归当谋疏凿，阔处十二丈，窄处二三丈，但^[12]可以行舟。汝兄弟侄轮日督工，于九月杪^[13]从事^[14]，渠成以报吾。堂轩^[15]基址，预以绳定之，以俟异日^[16]。

临河有大石，土人名为獚洞^[17]，此地相度亭子。下临澄潭，四围岭岫^[18]，既旷然轩豁^[19]，亦窈然^[20]幽深。其旁当种梅柳以映带^[21]之，亦此时事也。向来梅杏桃梨之属，种植者亦不少矣，使皆茂达，尽可自娱。此时浇溉、修治、扶植、去草为急。仆人纸上之树^[22]日增，园中之树日减，汝当为吾稽察^[23]之。树不活，与不种同。山中须三五日静坐经理^[24]，晨入暮归，不如其已^[25]也。可与兄弟侄言之。

【注释】

[1]　垂云泮（pàn）：室名。在安徽桐城龙眠乡。泮，通"畔"，岸边。

[2]　相度：观察测量。

[3]　亭：此处为动词，指建亭子。

[4]　枕流：靠近流水。

[5]　闸：水门。

[6] 种鱼：犹养鱼。

[7] 扁舟：小船。

[8] 棂（líng）：窗槛上雕成种种花纹的孔格。

[9] 兰桨桂棹：以兰木与桂木作桨。

[10] 舣（yǐ）舟亭：亭之名。舣，停船靠岸。

[11] 襟带吾庐：山水环绕在我房子的四周。庐，屋舍。

[12] 但：只要。

[13] 杪（miǎo）：树枝的细梢，或指时节之末。

[14] 从事：治其事。

[15] 堂轩：大厅和长廊。

[16] 俟异日：待他日再行动工之义。

[17] 土人名为貆（huān）洞：当地人称之为"貆洞"。土人，指世居本地的人。貆，哺乳动物，毛灰色，善掘土，穴居山野，昼伏夜出。

[18] 岭岫（xiù）：山岭。

[19] 旷然轩豁：空旷开朗。

[20] 窈然：深远的样子。

[21] 映带：景物相照映联络，自成情致。

[22] 纸上之树：记录在册上的要种树木的数目。

[23] 稽察：察考，检查。

[24] 静坐经理：定心经营管理。

[25] 不如其已：意指适可而止。

辛巳春分日，予携大郎、二郎、六郎，出西直门^[1]，过高梁桥，沿溪水至法华寺，饭于僧舍。因至万寿寺^[2]时，甫^[3]移华严钟于后阁，尚未悬架，遂过天禧宫看白松。盖余最心赏古松，枝干如凝雪，清响^[4]如飞涛，班剥离奇，扶疏诘曲^[5]，枝枝入画，叶叶有声，如对高人逸士，不敢亵玩^[6]。京师寺观，此种为多，而时代久远，则无过天禧宫者。共二十余株，皆异态殊形，可谓巨观^[7]矣！是行也，春寒初解，野色苍茫^[8]，然已有融润^[9]之气。得小诗曰："绿溪来古寺，石堰旧河梁。冰泮^[10]波澄绿，风轻柳曲黄^[11]。苔痕春已半，松影日初长；篮笋^[12]携诸子，僧寮^[13]野蕨香。"

【注释】

[1]　西直门：北京内城的西城门。

[2]　因至万寿寺：由法华寺至万寿寺。因，由，从。

[3]　甫：方始，才。

[4]　清响：清脆的响声。

[5]　班剥离奇、扶疏诘曲：班，通"斑"。树干斑驳剥落奇特幻异，枝叶交错曲折繁密茂盛。扶疏，枝叶繁茂或枝干高下疏密有致。诘曲，曲折。

[6]　亵玩：相狎而玩弄之。

[7]　巨观：壮观。

[8]　苍茫：杳无边际的样子。

[9]　融润：暖和湿润。

[10]　泮（pàn）：散解，融化。

[11]　曲黄：淡黄色。

[12]　篮笋：乘坐竹轿。

[13]　寮（liáo）：小屋、小窗。

　　时文以多作为主，则工拙自知，才思自出，溪迳[1]自熟，气体[2]自纯。读文不必多，择其精纯条畅，有气局[3]词华者，多则百篇，少则六十篇。神明[4]与之浑化[5]，始为有益。若贪多务博[6]，过眼辄忘，及至作时，则彼此不相涉，落笔仍是故吾。所以思常窒而不灵，词常窘而不裕，意常枯而不润。记诵劳神，中无所得，则不熟不化[7]之病也。学者患此弊最多。故能得力于简，则极是要诀。古人言"简练以为揣摩"[8]，最是立言之妙，勿忽而不察也。

【注释】

[1]　迳：同"径"，门径。

[2]　气体：气质。

[3]　气局：文章的气势和风格。

[4]　神明：精神，心思。

[5]　浑化：浑然化一，融为一体。

[6]　务博：致力多学。

[7]　不化：不能融会贯通。

[8]　简练以为揣摩：撮其精要作为揣度观摩的对象。

治家之道，谨肃为要。《易经·家人卦》[1] 义理极完备，其曰："家人嗃嗃，悔、厉、吉；妇子嘻嘻，终吝。"[2] "嗃嗃"近于烦琐，然虽厉而终吉。"嘻嘻"流于纵轶[3]，则始宽而终吝。余欲于居室自书一额，曰"惟肃乃雍"[4]，常以自警，亦愿吾子孙共守也。

人之居家立身，最不可好奇。一部《中庸》[5]，本是极平淡，却是极神奇。人能于伦常无缺，起居动作、治家节用、待人接物，事事合于矩度，无有乖张，便是圣贤路上人，岂不是至奇？若举动怪异，言语诡激[6]，明明坦易道理，却自寻奇觅怪，守偏文过[7]，以为不坠恒境[8]，是穷奇梼杌之流[9]，乌足以表异[10]哉？布帛菽粟，千古至味，朝夕不能离，何独至于立身制行[11]而反之也？

【注释】

[1] 《易经·家人卦》：指《周易》，中国古代儒家经典。共分六十四卦，始于"乾"而终于"未济"。家人卦，为巽上离下合成之卦。

[2] "家人"句：所引为《周易·家人卦》的九三爻辞。意指家人相处以刚正为原则，虽过于严厉，但结果是好的。妇人孩子嘻笑玩闹，结果是不好的。嗃嗃（hè），严厉。嘻嘻，玩乐。

[3] 纵轶：放纵安逸。

[4] 惟肃乃雍：意谓治家只有肃穆，才能达到和顺。

[5]　《中庸》：《礼记》中的一篇，相传为先秦儒者子思所作。
　　　与《论语》《孟子》《大学》合称为"四书"。

[6]　诡激：奇异而激烈。

[7]　守偏文过：追求不正之事物，掩饰错误。

[8]　不坠恒境：不落常境。

[9]　穷奇梼杌（tǎo wù）之流：穷奇、梼杌，与浑敦、饕餮，
　　　传说均为远古凶恶的神兽，借指凶恶之人。

[10]　乌足以表异：哪里能够表现出特别的地方。

[11]　立身制行：为人处世，规范道德。

　　与人相交，一言一事皆须有益于人，便是善人。余偶以忌辰[1]著朝服[2]出门，巷口见一人，遥呼曰："今日是忌辰！"余急易[3]之。虽不识其人，而心感之。如此等事，在彼无丝毫之损，而于人为有益。每谓同一禽鸟也，闻鸾凤[4]之名则喜，闻鸺鹠[5]之声则恶，以鸾凤能为人福，而鸺鹠能为人祸也。同一草木也，毒草则远避之，参苓[6]则共宝之，以毒草能鸩人，而参苓能益人也。人能处心积虑，一言一动皆思益人，而痛戒损人，则人望之若鸾凤，宝之若参苓，必为天地之所佑，鬼神之所服，而享有多福矣！此理之最易见者也。

【注释】

[1]　忌辰：旧指父母及其他亲属逝世的日子。该日禁忌饮酒
　　　和作乐。

[2]　朝服：上朝时所穿的官服。

[3]　易：更换。

[4]　鸾凤：鸾鸟与凤凰。

[5]　鸺鹠（xiū liú）：猫头鹰的别名。

[6]　参苓：人参与茯苓（fú líng），皆中药草名，服之有益于身体。茯苓，寄生在松树根上的一种块状菌，可入药。

　　凡读书，二十岁以前所读之书与二十岁以后所读之书迥异。幼年知识未开，天真纯固，所读者虽久不温习，偶尔提起，尚可数行成诵。若壮年所读，经月则忘，必不能持久。故六经、秦汉之文，词语古奥[1]，必须幼年读。长壮后，虽倍蓰[2]其功，终属影响[3]。自八岁至二十岁，中间岁月无多，安可荒弃或读不急之书？此时，时文[4]固不可不读，亦须择典雅醇正、理纯词裕、可历二三十年无弊者读之。若朝华夕落、浅陋无识、诡僻[5]失体、取悦一时者，安可以珠玉难换之岁月而读此无益之文？何如诵得《左》《国》[6]一两篇及东西汉典贵华腴[7]之文数篇，为终身受用之宝乎？

　　且更可异者：幼龄入学之时，其父师必令其读《诗》《书》、《易》、《左传》、《礼记》、两汉、八家文[8]；及十八九，作制义[9]、应科举时，便束之高阁，全不温习。此何异衣中之珠，不知探取，而向涂人[10]乞浆[11]乎？且幼年之所以读经书，本为壮年扩充才智，驱驾古人，使不寒俭，如畜钱待用者然。乃不知寻味其义蕴，而弁髦[12]弃之，岂不大相刺谬[13]乎？

我愿汝曹[14]将平昔已读经书，视之如拱璧[15]，一月之内，必加温习。古人之书，安可尽读？但我所已读者，决不可轻弃：得尺则尺，得寸则寸；毋贪多，毋贪名；但读得一篇，必求可以背诵，然后思通其义蕴，而运用之于手腕之下。如此，则才气自然发越[16]。若曾读此书，而全不能举其词，谓之"画饼充饥"；能举其词而不能运用，谓之"食物不化"。二者其去枵腹[17]无异。汝辈于此，极宜猛省。

【注释】

[1] 古奥：古拙深奥，不容易理解。

[2] 倍蓰（xǐ）：由一倍至五倍，形容很多。倍，一倍。蓰，五倍。

[3] 影响：影子和回音，指不切实际、不持久。

[4] 时文：当时人的文章。

[5] 诡僻：荒谬邪僻。

[6] 《左》《国》：指《左传》与《国语》。

[7] 华腴：丰美有光彩。

[8] 八家文：指唐宋八大家的文章，包括唐韩愈、柳宗元，宋欧阳修、王安石、曾巩、苏洵、苏轼、苏辙共八大名家所写的古文。

[9] 制义：指习作八股文。明清科举考试时的文体，全文分为八段，分别是破题、承题、起讲、提比、虚比、中比、后比、大结，字数固定，过多或太少皆不及格。

[10]　涂人：路人。

[11]　乞浆：讨要浆汤。

[12]　弁髦（biàn máo）：古代男子成人时举行冠礼，先加缁布冠，次加皮弁，最后加爵弁，三加之后剃掉垂髦，不再用缁布冠。后来用弁髦来比喻没有用的东西。弁，古代男子的帽子。髦，古代孩童下垂到眉的头发。

[13]　剌（là）谬：乖戾谬误。剌，违背常理。

[14]　汝曹：你们。

[15]　拱璧：两手合抱的大块璧玉，比喻非常珍贵的宝物。拱，两手合围。

[16]　发越：播散。

[17]　枵（xiāo）腹：腹中空虚。枵，空虚。

凡物之殊异者，必有光华发越于外，况文章为荣世之业，士子进身之具乎！非有光彩，安能动人？闱中之文，得以数言概之，曰："理明词畅，气足机圆。"要当知棘闱[1]之文，与窗稿房行书[2]不同之处。且南闱[3]之文，又与他省不同处。此则可以意会，难以言传。惟平心下气，细看南闱墨卷，将自得之。即最低下墨卷，彼亦自有得手[4]，亦不可忽。此事最渺茫。古称射虱者，视虱如车轮，然后一发而贯[5]。今能分别气味截然不同，当庶几矣！

【注释】

[1]　棘闱（jí wéi）：指科举时代的考场。唐、五代科举考试时，以棘围试院以防止闲人进入。

[2]　窗稿房行书：窗稿，古代称私塾中学生习作的诗文。房稿，明清进士平日所作的八股文选集。行书，举人所作的八股文选本。

[3]　南闱：明清科举称江南乡试为南闱。

[4]　得手：得心应手，技巧纯熟。

[5]　"古称射虱者"三句：出自《列子·汤问》篇。指射艺之精熟，虽细微如虱也能射中。

　　汝曹兄弟叔侄，自来岁正月为始，每三六九日一会，作文一篇，一月可得九篇。不疏不数[1]，但不可间断，不可草草塞责。一题入手，先讲求书理[2]极透澈，然后布格遣词，须语语有着落[3]。勿作影响语[4]，勿作艰涩[5]语，勿作累赘语，勿作雷同语。凡文中鲜亮出色之句，谓之"调"，调有高卑。疏密相间，繁简得宜处，谓之"格"，此等处最宜理会。深悯人读时文，累千累百而不知理会，于身心毫无裨益。夫能理会，则数十篇百篇已足，焉用如此之多？不能理会，则读数千篇，与不读一字等。徒使精神瞆乱[6]，临文捉笔，依旧茫然，不过胸中旧套应副[7]，安有名理精论、佳词妙句，奔汇于笔端乎？

　　所谓理会者，读一篇则先看其一篇之"格"，再味其一股之"格"，出落[8]之次第，讲题之发挥，前后竖义[9]之浅深，词调之华美，诵之极其熟，味之极其精。有与此等相类之题，有不相类之题，如何推广扩充？如此，读一篇有一篇之益，又何必多，又何能多乎？每见汝曹读时文成帙[10]，问之不能举其词，叩[11]之不能言其义，粗者不能，况其精者乎？自诳[12]乎？诳人乎？此绝不可解者。汝曹试静思之，亦不可解也。以后当力除此等之习。读文必期有用，不然宁可不读。古人有言："读生文不如玩[13]熟文。必以我之精神，包乎此一篇之外；以我之心思，入乎此一篇之中。"噫嘻！此岂易言哉？

汝曹能如此用功，则笔下自然充裕，无补缉[14]、寒涩[15]、支离、冗泛、草率之态。汝每月寄所作九首来京，我看一会两会，则汝曹之用心不用心，务外不务外，了然矣。作文决不可使人代写，此最是大家子弟陋习。写文要工致[16]，不可错落涂抹，所关于色泽[17]不小也。汝曹尚能面奉教言，每日展此一次，当有心会[18]。幼年当专攻举业，以为立身根本。诗且不必作，或可偶一为之，至诗余[19]则断不可作。余生平未尝为此，亦不多看。苏、辛尚有豪气[20]，余则靡靡[21]，焉可近也？

【注释】

[1]　不疏不数（shuò）：不少不多。疏，稀少。数，屡次。

[2]　书理：文理，文辞，义理。

[3]　着落：归宿。

[4]　影响语：人云亦云的句子。

[5]　艰涩：艰深。

[6]　瞆（kuì）乱：昏乱。

[7]　应副：敷衍应付。

[8]　出落：起笔和落笔的次序。

[9]　竖义：立义。

[10]　成帙：形容其多。帙，书套。

[11]　叩：问。

[12]　"自诳乎？诳人乎"：指自欺欺人。

[13]　玩：体会，玩味。

[14]　补缉：修补，修改。

[15]　寒涩：偏僻艰深。

[16]　工致：工巧细致。

[17]　色泽：指文采。

[18]　心会：领悟。

[19]　诗余：词的别称。以词由诗发展而来而得名。

[20]　苏、辛尚有豪气：苏、辛，即苏东坡与辛弃疾。辛弃疾，
　　　字幼安，自号稼轩居士，南宋豪放派诗人。于政治上倾向
　　　抗击金兵，收复中原失地。豪气，指豪放的气势。

[21]　靡靡：颓废。

　　余久历世[1]，日在纷扰荣辱、劳苦忧患之中，静念解脱

之法，成此八章。自谓于人情物理、消息盈虚[2]，略得其大意。醉醒卧起，作息往来，不过如此而已。顾[3]以年增衰老，无由自适。二十余年来，小斋仅可容膝[4]。寒则温室拥杂花，暑则垂帘对高槐，所自适于天壤间者止此耳。求所谓烟霞林壑[5]之趣，则仅托于梦想，形诸篇咏[6]，皆非实境也。辛巳春分前一日，积雪初融，霁色回暖[7]，为三郎廷璐[8]书此，远寄江乡，亦可知翁针砭气质之偏[9]，流览造物之理；有此一知半见，当不至于汨没本来[10]耳。

【注释】

[1]　世涂：人生道路。

[2]　消息盈虚：事物的盛衰，变化。

[3]　顾：乃，表示转折。

[4]　容膝：仅能容下双膝，极言地方狭小。

[5]　烟霞林壑：山林泉谷。

[6]　篇咏：文章，诗作。

[7]　霁（jì）色回暖：天气放晴，气温转暖。霁，雨雪停止，天放晴。

[8]　廷璐：张廷璐，字宝臣，号药斋。张英第三子。清康熙年间进士，官至礼部侍郎。

[9]　气质之偏：偏差不正的气质。

[10]　汨（gǔ）没本来：埋没了本然良好的状态。汨，淹没。

古称："仕宦之家[1]，如再实之木，其根必伤。"旨哉斯言，[2] 可为深鉴。世家子弟，其修行立名之难，较寒士百倍。何以故？人之当面待之者，万不能如寒士之古道[3]：小有失检，谁肯面斥其非？微有骄盈，谁肯深规其过？幼而骄惯，为亲戚之所优容[4]；长而习成，为朋友之所谅恕。至于利交而谄[5]，相诱以为非；势交而谀[6]，相倚而作慝[7]者，又无论矣。

人之背后称之者，万不能如寒士之直道：或偶誉其才品，而虑人笑其逢迎；或心赏其文章，而疑人鄙其势利。甚至吹毛索瘢[8]，指摘其过失而以为名高；批枝伤根[9]，讪笑[10]其前人而以为痛快。至于求利不得，而嫌隙易生于有无[11]；依势不能，而怨毒相形于荣悴[12]者，又无论矣。故富贵子弟，人之当面待之也恒恕，而背后责之也恒深，如此则何由知其过失，而显其名誉乎？

故世家子弟，其谨饬[13]如寒士，其俭素如寒士，其谦冲小心如寒士，其读书勤苦如寒士，其乐闻规劝如寒士，如此则自视[14]亦已足矣；而不知人之称之者，尚不能如寒士，必也。谨饬倍于寒士，俭素倍于寒士，谦冲小心倍于寒士，读书勤苦倍于寒士，乐闻规劝倍于寒士，然后人之视之也，仅得与寒士等。今人稍稍能谨饬俭素、谦下勤苦，人不见称[15]，则曰"世道不古"，"世家子弟难做"。此未深明于人情物理之故者也。

我愿汝曹常以席丰履盛为可危可虑、难处难全之地，勿以为可喜可幸、易安易逸。人有非之责之者，遇之不以礼者，则平心和气，思所处之时势，彼之施于我者，应该如此，原非过当；即我所行十分全是，无一毫非理，彼尚在可恕，况我岂能全是乎？

【注释】

[1] 仕宦之家：古代指世代出仕为官的家族。

[2] 旨哉斯言：这句话很精当。

[3] 古道：正直，坦白，忠厚。

[4] 优容：宽容。

[5] 利交而谄：因利益关系而交往，便极尽谄媚之能事。

[6] 势交而谀：因势力关系而交往，便极尽阿谀之能事。

[7] 相倚而作慝（tè）：倚重利用他而作恶。慝，奸邪、邪恶。

[8] 吹毛索瘢（bān）：即吹毛求疵，挑小毛病。瘢，疮痕。

[9] 批枝伤根：意谓攻击其子孙，伤害其祖先。

[10] 讪笑：讥笑。

[11] 嫌隙易生于有无：因利益而产生嫌隙和矛盾。

[12] 相形于荣悴：相互比较彼此的富贵贫贱。

[13] 谨饬：谨慎检点。

[14] 自视：自我检视。

[15] 见称：称赞。

古人有言："终身让路，不失尺寸。"[1] 老氏[2] 以"让"为宝。左氏曰："让，德之本也。"[3] 处里闬[4] 之间，信世俗之言，不过曰："渐不可长"。[5] 不过曰："后将更甚。是大不然！"人孰无天理良心、是非公道？揆之天道，有"满损谦益"之义；揆之鬼神，有"亏盈福谦"之理。自古只闻"忍"与"让"，足以消无穷之灾悔，未闻"忍"与"让"，翻[6] 以酿后来之祸患也。欲行忍让之道，先须从小事做起。余曾署刑部事[7] 五十日，见天下大讼大狱，多从极小事起。君子敬小慎微，凡事从小处了。余行年五十余，生平未尝多受小人之侮，只有一善策——能转弯[8] 早耳。每思天下事，受得小气则不致于受大气；吃得小亏则不致于吃大亏，此生平得力之处。凡事最不可想占便宜[9]，子曰："放于利而行[10]，多怨。"便宜者，天下人之所共争也，我一人据之，则怨萃[11] 于我矣；我失便宜，则众怨消矣。故终身失便宜，乃终身得便宜也。

【注释】

[1] "古人有言"二句：形容一生谦让的人，最终不会有多少损失。

[2] 老氏：即老子，姓李名耳，字聃。先秦思想家，道家创始人。

[3] "左氏曰"二句：出自《左传》昭公十年："让，德之主也，让之谓懿德。"

[4]　里闬（hàn）：里门、乡里。闬，里巷的门，乡里。

[5]　渐不可长：不可让其蔓延滋长。

[6]　翻：反而。

[7]　署刑部事：兼代刑部之事。署，代理任事。

[8]　转弯：另寻出路，不逞强，不执着。

[9]　便宜：好处。

[10]　放于利而行：出自《论语·里仁》。依据利之大小多寡而行。放，依照。

[11]　萃：聚集。

　　汝曹席 [1] 前人之资，不忧饥寒，居有室庐，使有臧获 [2]，养有田畴，读书有精舍 [3]，良不易得。其有游荡非僻 [4]，结交淫朋匪友 [5]，以致倾家败业，路人指为笑谈，亲戚为之浩叹者，汝曹见之闻之，不待余言也。其有立身醇谨 [6]，老成俭朴，择人而友，闭户读书，名日美而业日成，乡里指为令器 [7]，父兄期其远大者，汝曹见之闻之，不待余言也。二者何去何从，何得何失；何芳如芝兰，何臭如腐草；何祥如麟凤，何妖如鸺鹠，又岂俟余言哉！

　　汝辈今皆年富力强，饱食温衣，血气未定，岂能无所嗜好？古人云："凡人欲饮酒博弈 [8]，一切嬉戏之事，必皆觅伴侣为之，独读快意书、对佳山水，可以独自怡悦。凡声色货利一切嗜欲之事好之，有乐则必有苦，惟读书与对佳山水，止有乐而无苦。"今架有藏书，离城数里有佳山水，汝曹与其狎^[9]无益之友，听无益之谈，赴无益之应酬，曷若^[10]珍重难得之岁月，纵^[11]读难得之诗书，快对难得之山水乎？

我视汝曹所作诗文，皆有才情、有思致^[12]、有性情，非梦梦全无所得于中者^[13]，故以此谆谆告之。欲令汝曹安分省事，则心神宁谧而无纷扰之害；寡交择友，则应酬简而精神有余；不闻非僻之言，不致陷于不义；一味谦和谨饬，则人情服而名誉日起。

制义者，秀才立身之本，根本固，则人不敢轻，自宜专力攻之，余力及诗、字，亦可怡情。良时佳辰，与兄弟姊夫辈，一料理山庄，抚问松竹，以成余志。是皆于汝曹有益无损、有乐无苦之事，其味聪听之义^[14]。

座右箴：

立品、读书、养身、择友。右四纲。

戒嬉戏，慎威仪；谨言语，温经书；精举业，学楷字；谨起居，慎寒暑；节用度，谢酬应；省宴集，寡交游。右十二目。

【注释】

[1] 席：凭借。

[2] 使有臧获：有仆人可以差遣使唤。臧获，奴婢，仆人。

[3] 精舍：学舍。

[4] 非僻：邪恶不正。

[5] 淫朋匪友：淫荡浮靡、为非作歹的朋友。

[6] 醇谨：敦厚谨慎。

[7] 令器：美材，比喻优秀的人才。

[8] 博弈：赌博下棋。

[9] 狎：亲近而不庄重。

[10] 曷若：何如。

[11] 纵：尽情。

[12] 思致：才思。

[13] 非梦梦全无所得于中者：不是昏乱糊涂而内心全然没有
收获的人。

[14] 其味聪听之义：出自《尚书·酒诰》："聪听祖考之彝训
越小大德。"体会长辈训言中的道理。味，体会。聪听，
明白地听取，后因指长辈的教论、训言。

　　子弟自十七八以至廿三四，实为学业成废之关。盖自初
入学至十五六，父师以童子视之，稍知训子者，断不忍听[1]
其废业。惟自十七八以后，年渐长，气渐骄，渐有朋友，渐
有室家[2]，嗜欲渐开，人事渐广，父母见其长成，师傅视为
侪辈[3]，德性未坚，转移最易，学业未就，蒙昧非难[4]。幼
年所习经书，此时皆束高阁。酬应交游，侈然大雅[5]。博弈
高会[6]，自诩名流[7]。转盼[8]廿五六岁，儿女累多，生计迫
蹙，蹉跎潦倒，学植荒落[9]。予见人家子弟半涂而废者，多
在此五六年中。弃幼学之功，贻终身之累，盖覆辙相踵[10]
也。汝正当此时，离父母之侧，前言诸弊，事事可虑。为龙

为蛇，为虎为鼠，分于一念[11]，介在两岐[12]，可不慎哉！可不畏哉！

【注释】

[1]　听：任凭。

[2]　室家：指妻子儿女。

[3]　侪辈：同辈。

[4]　蒙昧非难：容易受蒙蔽而不明事理。

[5]　侈然大雅：高谈阔论，附庸风雅。

[6]　博弈高会：赌博，下棋，聚会。高会，盛大的聚会。

[7]　自诩名流：自以为是上流人士。

[8]　盼：看。

[9]　学植荒落：学业荒废。

[10]　覆辙相踵：失败的例子接二连三。

[11]　分于一念：由于一念之差。分，差别。

[12]　介在两岐：两出的岔路，喻指走向人生两种前途的关键之处。

读书须明窗净几，案头不可多置书。读文作文，皆须凝神静气，目光炯然[1]。出文于题之上，最忌坠入云雾中，迷失出路。多读文而不熟，如将不练之兵[2]，临时全不得用，徒疲精劳神，与操空拳者无异。

作文以握管之人为大将，以精熟墨卷百篇为练兵，以杂读时艺为散卒，以题为坚垒。若神明不爽朗，是大将先坠云雾中，安能制胜？人人各有一种英华光气，但须磨炼始出。譬如一草一卉，苟深培厚壅[3]，尽其分量，其花亦有可观。而况于人乎？况于俊特之人乎？

天下有形之物，用则易匮[4]。惟人之才思气力，不用则日减，用则日增。但做出自己声光，如树将发花时，神壮气溢，觉与平时不同，则自然之机候[5]也。

读书人独宿，是第一义[6]。试自己省察：馆中独宿时，漏[7]下二鼓，灭烛就枕；待日出早起，梦境清明，神酣[8]气畅。以之读书则有益，以之作文必不潦草枯涩[9]。真所谓一日胜两日也。

【注释】

[1]　炯然：眼光锐利的样子。

[2]　不练之兵：未经训练的士兵。

[3]　深培厚壅（yōng）：深厚培植养护。壅，用土或肥料培在植物的根部。

[4]　匮：缺乏。

[5]　机候：适当的时间、机会。

[6]　第一义：首要的道理。

[7]　漏：即更漏。古时视漏刻以转更，谓之更漏。

[8]　神酣气畅：精神充沛，心情畅快。

[9]　枯涩：枯燥无味。

　　《易经》一书，言"谦道"最为详备："天道亏盈而益谦；地道变盈而流谦；鬼神祸盈而福谦；人道恶盈而好谦。"[1] 又曰："日中则昃[2]，月满则亏。"天地不能常盈，而况于人乎？况于鬼神乎？于此理不啻[3]反复再三，极譬罕喻[4]。《书》曰"满招损，谦受益"[5]，古昔贤圣，殆无异词[6]。尧舜大圣人，而史称之曰"允恭克让"[7]；孔子甚圣德，及门称之曰"恭俭让"[8]。况乎中人之才，安能越斯义？古云"终身让路，不失尺寸"，言"让"之有益无损也。世俗瞽谈[9]，妄谓"让人则人欺之"，甚至有尊长教其卑幼无多让，此极为乱道。

　　以世俗论，富贵家子弟，理不当为人所侮，稍有拂意，便自谓："我何如人，而彼敢如是以加我？"从傍人[10]亦不知义理，用一二言挑逗之，遂尔气填胸臆，奋不顾身，全不思富贵者众射之的[11]也，群妒之媒[12]也。谚曰："一家温饱，千家怨忿。"惟当抚躬自返[13]：我所得于天者已多，彼同生天壤，或系亲戚，或同里闬，而失意如此，我不让彼而彼顾肯让我乎？尝持此心，深明此理，自然心平气和。即有拂意之事，逆耳之言，如浮云行空，与吾无涉[14]。姚端恪公有言："此乃成就我福德相[15]，愈加恭谨以逊谢之，则横逆之来，盖亦少矣！"愿以此为热火世界[16]一帖清凉散也。

【注释】

[1]　"最为详备"一句：天道亏损盈满者而补益谦虚者；地

道变易盈满者而弘扬谦虚者；鬼神危害盈满者而造福谦虚者；人道厌恶盈满者而喜好谦虚者。《易经·谦卦》象传："谦亨。天道下济而光明，地道卑而上行，天道亏盈而益谦，地道变盈而流谦，鬼神害盈而福谦，人道恶盈而好谦。谦尊而光，卑而不可逾，君子之终也。"谦卦，为上坤下艮合成之卦。

[2] 日中则昃（zè）：太阳过了正午，就开始偏斜。昃，日偏西。

[3] 不啻（chì）：何止，简直可以。啻，但，只。

[4] 极譬罕喻：深刻而难得的比喻。

[5] "《书》曰"二句：出自《尚书·大禹谟》，训诫人不要自满。

[6] 殆无异词：几乎都是相同的赞美词。

[7] 允恭克让：出自《书·尧典》："允恭克让，光被四表，格于上下。"诚信谦恭、能忍让。

[8] 恭俭让：子贡曰：出自《论语·学而》："夫子温良恭俭让以得之。"

[9] 瞽（gǔ）谈：肤浅而不合事理的言辞。瞽，瞎眼，此处指不达事理，没有见识。

[10] 从傍人：在身边的人。

[11] 众射之的：众人攻击的目标。

[12] 群妒之媒：招致群众嫉妒的缘由。

[13] 抚躬自返：扪心自问，反省检讨。

[14] 与吾无涉：和我没有关系。

[15] 福德相：佛教用语，一切善行之名相。

[16] 热火世界：人心躁动的世界。

谭子《化书》[1]训"俭"字最详。其言曰："天子知俭，则天下足；一人知俭，则一家足。且俭非止节啬财用而已也。俭于嗜欲，则德日修，体日固；俭于饮食，则脾胃宽[2]；俭于衣服，则肢体适；俭于言语，则元气藏[3]而怨尤寡；俭于思虑，则心神宁；俭于交游，则匪类远；俭于酬酢，则岁月宽而本业修[4]；俭于书札[5]，则后患寡；俭于干请[6]，则品望尊；俭于僮仆[7]，则防闲省；俭于嬉游，则学业进。"其中义蕴甚广，大约不外于葆啬[8]之道。

东坡千古才人，以百五十钱为一块，每日只用画杈[9]挑取一块，尽此钱为度[10]，决不用明日之钱。汝辈中人，可无限制？陆梭山训居家之法最妙：以一岁所入，除完官粮外，分为三分。存一分以为水旱及意外之费，其余二分析为十二分，每月用一分，但许存余，不许过界。能从每日饮食杂用加意节省，使一月之用常有余，别置一处，不入经费，留以为亲戚朋友小小周济缓急之用，亦远怨积德之道，可恃以长久者也。

居家治生之理，《恒产琐言》备之矣！虽不敢谓"圣人复起，不易吾言"[11]，其于谋生，不啻左券[12]。总之，饥寒由于鬻产，鬻产由于债负，债负由于不经[13]，相因[14]之理，一定不易，予视之洞若观火[15]。仕宦之日，虽极清苦，毕竟略有交际，子弟习见习闻，由之不察[16]；若以此作田舍度日之计[17]，则立见其仆蹶[18]，不可不深长思者也。人生俭啬之名，可受而不必避。世俗每以为耻，不知此名一噪，则人绝觊觎之想[19]。偶有所用，人即德[20]之，所谓以虚名而受实益，何利如之？

【注释】

[1] 谭子《化书》：谭子，即谭峭，唐末五代道士。字景升。得养气炼丹之术，著有《化书》，大旨多以黄老之学附会于儒家。

[2] 脾胃宽：胃口开。

[3] 元气藏：保住精神气力。

[4] 岁月宽而本业修：时间宽裕而能尽力于自己的本行。

[5] 书札：书信。

[6] 干请：有求于人。

[7] 俭于僮仆：指少用仆人自然就不必四处防范、时加禁制。

[8] 葆啬：珍爱、吝惜。

[9] 画杈：雕有图案的木制器具，尾端分枝，可挑取物品。

[10] 尽此钱为度：以这些钱为限度。

[11] 圣人复起，不易吾言：出自《孟子·滕文公下》，意谓所言真确，即使圣人再世，也会表示赞同。

[12] 不啻左券：简直就是最好的依据。左券，古代称契约为券，用竹做成，分左右两片，是索取偿还的凭证。

[13]　不经：偏离正途。

[14]　相因：相到关联，凭借。

[15]　洞若观火：形容观察事物非常清楚明白。

[16]　由之不察：照着做而不知反省观察。

[17]　田舍度日之计：置田筑舍，指不任官职，老百姓寻常度日
　　　的谋划。

[18]　仆蹶（jué）：跌倒，颓败。

[19]　觊觎之想：不良的企图、念头。

[20]　德：赞美。

　　人生髫稚[1]，不离父母；入塾则有严师傅督课，颇觉拘
束。逮十六七岁时，父母渐视为成人，师傅亦渐不严惮[2]。
此时，知识初开，嬉游渐习，则必视朋友为性命。虽父母师
保之训，与妻孥[3]之言，皆可不听。而朋友之言，则投若胶
漆，契若芳兰[4]。所与正，则随之而正；所与邪，则随之而
邪。此必然之理，身验之事也。

　　余镌[5]一图章，以示子弟，曰："保家莫如择友。"盖
有所叹息、痛恨、惩艾[6]于其间也。古人重朋友，而列之
五伦，谓其"志同道合"，有善相勉，有过相规，有患难相
救。今之朋友，止可谓相识耳，往来耳，同官同事耳，三
党[7]姻戚耳。朋友云乎哉[8]？

　　汝等莫若就亲戚兄弟中，择其谨厚老成，可以相砥砺[9]
者，多则二人，少则一人，断无目前良友，遂可得十数人之

理！平时既简于应酬，有事可以请教。若不如己之人，既易于临深为高 [10]，又日闻鄙猥之言，污贱之行，浅劣之学，不知义理，不习诗书。久久与之相化，不能却而远矣！此《论语》所以首诫之也。

【注释】

[1]　髫（tiáo）稚：幼年时期。髫，小孩额前下垂的发。

[2]　严惮：严加管教。

[3]　妻孥：妻子和儿女。

[4]　投若胶漆、契若芳兰：投契得如胶漆、如芳兰；极言与朋友关系的亲密。

[5]　镌（juān）：雕刻。

[6]　惩艾（yì）：警示诫止。艾，治理。

[7]　三党：即父、母、妻三族。

[8]　朋友云乎哉：算是什么朋友呢？

[9]　砥砺：相互激励。

[10]　临深为高：在地位卑下的人面前显示自己的高贵。

人生第一件事，莫如安分。"分"者，我所得于天多寡之数也。古人以得天少者谓之"数奇 [1]"，谓之"不偶 [2]"，可以识其义矣。董子曰："予之齿者，去其角，傅之翼者两其足。"啬于此则丰于彼，理有乘除 [3]，事无兼美。予阅历颇深，每从旁冷观，未有能越此范围者。功名非难非易 [4]，只在争命中之有无。尝譬之温室养牡丹，必花头中原结蕊，火焙[5]则正月早开，然虽开而元气索然[6]，花既不满足，根亦旋萎[7]矣。若本来不结花，即火焙无益。既有花矣，何如培以沃壤，灌以甘泉，待其时至敷华[8]，根本既不亏，而花亦肥大经久。此余所深洞于天时物理，而非矫为迂阔之谈也。曩时[9]，姚端恪公每为余言，当细玩"不知命无以为君子"章。朱注最透，言不知命，则见利必趋，见害必避，而无以为君子矣，"为"字甚有力！知命是一事，为君子是一事。既知命不能违，则尽有不必趋之利，尽有不必避之害，而为忠为孝，为廉为让，绰有余地矣！小人固不当取怨于他，至于大节目[10]，亦不可诡随[11]，得失荣辱，不必太认真，是亦知命之大端[12]也。

【注释】

[1] 数奇：运气不好，遇事多不利。

[2] 不偶：无所遇合。

[3] 乘除：消长。

[4] 功名非难非易：意谓功名的获取，并非人力所能完全决定。

[5] 火焙（bèi）：用微火烘烤，提升温度。焙，用微火烘烤。

[6] 索然：乏味，没有兴趣的样子。

[7] 旋萎：不久即枯萎。

[8] 敷华：开花。

[9] 曩（nǎng）时：以往，从前。

[10] 大节目：关键所在。

[11] 诡随：不论是非而妄随人意。

[12] 大端：事情的主要方面。

　　冢宰库公[1]，曩与予同事，谈及知命之义：时有山左鹿御史，以偶尔公函发遣[2]，彼方在言路，时果能拼得一个流徒[3]，甚么本上不得？彼在位碌碌耳，究竟不能违一定之数。非谓人当冒险寻事，但素明此义，一旦遇大节所关[4]，亦不至专计利害犯名义矣。库然之。

【注释】

[1] 冢宰库公：此处指吏部尚书。库公，库勒纳。满洲镶蓝旗，瓜尔佳氏。康熙年间曾任吏部尚书。

[2] 发遣：遣送，流放。

[3] 流徒：流放的囚犯。

[4] 大节所关：生存兴亡的大事。

澄怀园语

【导读】

  《澄怀园语》是清代名臣张廷玉所作。张廷玉（1672—1755），字衡臣，号砚斋，安徽桐城人，大学士张英次子。康熙三十九年（1700）进士，历任太子洗马、吏部尚书、翰林院掌院学士、户部尚书、文渊阁大学士、文华殿大学士、保和殿大学士、军机大臣等职，是清代前期汉人大臣中知名的重臣。张廷玉去世后，配享太庙，谥号文和。整个清代，汉大臣配享太庙的，仅有张廷玉一人。《澄怀园语》是张廷玉一生修身处世、齐家为政的经验总结。在为人处世方面，张廷玉训诫子侄要恪守圣贤的教化，刻苦读书治学，居家行孝悌之义，交友则谨慎坦诚待人。在为政方面，张廷玉深感自身所受到的清廷恩宠厚重，他告诫子侄戒骄戒躁，在为官方面须谨慎安静，居安思危才能保证家族事业的昌盛不息。《聪训斋语》和《澄怀园语》是张英、张廷玉所作的家训名篇，由于二人为父子，且同为清廷重臣和大学士，因此两篇家训往往被后世并称为《父子宰相家训》。正是在历代先人的悉心努力和苦心经营之下，张英、张廷玉的后辈才能够人才济济，由此可以看出家训和家风对于家庭中的后辈所起的重要作用。

序

　　先公[1]诗文集外，杂著内有《聪训斋语》二卷以示子孙，廷玉终身诵之。雍正戊申、己酉[2]间，扈从[3]西郊，蒙恩赐居"澄怀园"，五侄筠[4]随往，课两儿读书。予退直之暇，谈论所及，侄逐日纪录，得数十条，曰："此可继《聪训斋语》曰《澄怀园语》也。"予闻之，惭恧[5]不胜，而又不欲违其请，第裒集有限[6]，未为完书。自是厥后，凡意念之所及、耳目之所经与典籍之所载，可以裨益问学，扩充识见者，辄取片纸书之，纳敝箧中。而日用纤细之事亦附及焉。十数年，日积月累，合之遂得二百五十余条，因厘[7]为四卷。不分门类，但就日月之先后以为次序，命曰《澄怀园语》，从侄筠之请也。

　　窃念通籍[8]而后牵于官守，职务繁多，比年精力惫顿，常有意所欲书而倏忽遗忘者，不可胜数。且自知学识短浅，文辞拙陋，较之《聪训斋语》，不啻霄壤。又随手掇拾，本无所爱惜，不过藏之家塾，俾子孙辈读之，知我立身行己、处心积虑之大端云尔。然有能观感兴起者，是则是效[9]，不视为纸上空谈，未必无所裨补，或不负老人承先启后之意也夫！

　　乾隆丙寅[10]冬十月澄怀居士张廷玉撰

【注释】

[1]　先公：指张廷玉的父亲张英。

[2]　雍正戊申、己酉：1728 年、1729 年。

[3]　扈从：随从，此处指随侍皇帝。

[4]　五侄筠：即张筠（1693—1766），张廷玉的侄子。雍正年间举人，乾隆时官至内阁中书、内阁典籍。

[5]　惭恧（nù）：惭愧。

[6]　第裒（póu）集：第，只是。裒集，收集。

[7]　厘：梳理。

[8]　通籍：把官吏姓名登记在宫门外，以便出入的时候核查。指进入仕途。

[9]　是则是效：出自《诗·小雅·鹿鸣》："君子是则是效。"效法的意思。

[10]　乾隆丙寅：1746 年。

卷　一

　　凡人得一爱重之物，必思置之善地以保护之。至于心，乃吾身之至宝[1]也。一念善，是即置之安处矣；一念恶，是即置之危地矣。奈何以吾身之至宝使之舍安而就危乎？亦弗思之甚[2]矣！

　　一语而干[3]天地之和，一事而折[4]生平之福。当时时留心体察，不可于细微处忽之。

　　昔我文端公[5]，时时以"知命"之学，训子孙。晏[6]闲之时则诵《论语》，曰："不知命，无以为君子也。"[7]盖穷通得失[8]，天命既定，人岂能违？彼营营扰扰，趋利避害者，徒劳心力坏品行耳，究何能增减毫末哉！先兄宫詹公[9]，习闻庭训，是以主试山左[10]，即以"不知命"一节为题。惜乎！能觉悟之人少也。

【注释】

[1]　至宝：最为珍贵的宝物。

[2]　弗思之甚：非常不认真地考虑问题。

[3]　干：冲犯。

[4]　折：减少。

[5]　文端公：指张廷玉的父亲张英，谥文端。

[6]　晏（yàn）：安定，安乐。

[7]　"不知命"句：出自《论语·尧曰》，"知命"指感知和
　　　顺应天命。

[8]　穷通得失：人的一生中起浮好坏、富贵贫穷等现象。穷
　　　通，贫困或显达。得失，是非成败。

[9]　宫詹公：指张廷瓒，张英的长子，张廷玉的兄长，曾任太
　　　子詹事。先兄，指已经逝去的兄长。

[10]　主试山左：担任山东的科举考试主考官。

　　康熙庚子[1]冬，山东贩盐奸民，聚众劫掠村庄。渠魁[2]
六七人，各率匪类数百人，昼夜横行，南北道路，几至阻
隔。又有青州生员[3]鞠士林者，倡率邪教，招集亡命，肆
行不法。巡抚总兵竭力捕治，擒获一百五十余人。时余为刑
部侍郎，圣祖仁皇帝命同都统托赖、学士登德前往济南，会
同该抚镇严行审讯。并谕曰："伊等俱系妄伪称将军名号，
谋为不轨之人，若照例由部科覆奏请旨，则致迟误，又恐别
生事端。尔等可审讯明确，其应正法者，即在济宁正法；应
发遣者，带至京师发遣。"余奉命惴惴，深以不称任为惧，
且同事二公，皆属初交，恐有意见参差、猜疑掣肘之患。途
中偕行，以诚信相与，颇无间言。抵东之日，昼夜检阅卷
案，廉得其概，因于大庭广众，谓同事诸公曰："此盗案，

非叛案也！"诸公皆曰："若何？"余曰："伊等口供内有仁义王、无敌将军之称，又有义勇王、飞腿将军之称。观'飞腿'二字，不过市井混名耳！凡所谓伪号者，皆道路讹传，不足深究矣！"诸公皆曰："然。"已而一一研诘，作盗案归结。即时正法者七人，发遣者三十五人，割断脚筋者十八人，因残废疾病而免罪者七十二人，审系无干，即行释放者二十五人。

先是盗首供某名下有四百人，某名下有五百人，合讯之，已不下二千余人之众。因思罪在首恶，若将胁从附和之辈一概株连，非所以仰体皇仁也。于是止就臬司[4] 械送之一百五十余人审讯归结，外此，未曾拘拿一人。即到案众犯中，有供系某姓佃户者，有供系某姓家人者，有供系某乡绅富户家佣工，或赁居房屋者，亦概不究问。至于失察、疏纵之罪，通省文武官，自抚镇至典史、千把总，无一人得免者，因录其捕贼之功，予以免议，亦体圣主宽大之盛心也。此案谳狱[5] 将定，本地文武官进而言曰："公等如此治狱，宽则宽矣！第若辈党羽甚众，未到案者，尚有数千人，若不加严惩，使之畏惧，公等还朝后，仍复蠢动，恐有经理不善之咎，奈何？"余笑曰："我等但知宣布'皇上如天，好生，罪疑惟轻'之至德。若为地方有司思患豫防，草菅民命，甚非鞫狱[6] 初意。且以用法宽而得咎，恐无此天理，诸公不必为余过虑。"既而余回京，后访察山左情形，知匪党渐次解散，并无萑苻[7] 之警，盖圣主德化之感人，而治狱之不宜刻核也如此。大凡乌合之众，必有一二巨恶为之倡率，果能歼厥渠魁，则胁从者，皆可使之革面革心，不必以多杀为防患之计也。此案爰书定自余手，愿举以告天下之治狱者。

【注释】

[1]　康熙庚子：康熙五十九年（1720）。

[2]　渠魁：盗寇的首领。

[3]　生员：官学中的在读学生。

[4]　臬司：指明清时期的按察使。

[5]　谳（yàn）狱：审理诉讼。

[6]　鞫（jū）狱：审理案件。

[7]　萑（huán）符：春秋时郑国沼泽名，据记载，那里密生芦苇，盗贼出没，后借以代指盗贼藏聚的地方。

《周易》曰："吉人之辞寡。"[1]可见多言之人即为不吉，不吉则凶矣。趋吉避凶之道，只在矢口[2]间。朱子云："祸从口出。"此言与《周易》相表里。黄山谷[4]曰："万言万当[3]，不如一默。"当终身诵之。

一言一动，常思有益于人，惟恐有损于人。不惟积德，亦是福相。

文端公对联曰："万类相感以诚，造物最忌者巧。"又曰："保家莫如择友，求名莫如读书。"姚端恪公对联曰："常觉胸中生意满，须知世上苦人多。"又《虚直斋日记》

曰："我心有不快，而以戾气加人，可乎？我事有未暇，而以缓人之急，可乎？"均当奉为座右铭。

【注释】

[1] 吉人之辞寡：出自《周易·系辞下》。吉人，指贤能、有福气的人。

[2] 矢口：指随口、信口。

[3] 当：合宜，恰当。

[4] 黄山谷：北宋文学家黄庭坚。

向日读书设小几，笔砚纵横，卷帙堆积，不免踞己之苦；及易一大几，则位置绰有余地，甚觉适意。可知天下之道，宽则能容。能容，则物安而已，亦适。虽然，宽之道亦难言矣！天下岂无有用宽而养奸贻患者乎？大抵内宽而外严，则庶几矣！

凡人病殁[1]之后，其子孙家人往往以为庸医误投方药之所致，甚至有衔恨终身者。余尝笑曰："何其视我命太轻，而视医者之权太重若此耶！"庸医用药差误，不过使病体缠绵，多延时日，不能速痊[2]耳。若病至不起前数已定[3]，虽卢扁[4]岂能为功？乃归咎于庸医用药之不善，不亦冤哉！

雍正八年八月，京师地动，儿辈恐惧忧煎，觉宇宙间无可置身处。余谓之曰："天变当惧，理所宜然。惟是北方陆居之地震与南方舟行之风涛，皆出于不及觉，何从预知而逃避之？尔等惟有慎持此心。若果终身不曾行一恶事，不曾存一恶念，可以对衾影即可以对神明，断无有上天谴罚而加以奇殃者。方寸之间，我可自主，此为避灾免祸之道，最易为力。"

世之有心计者，每行一事，必思算无遗策[5]。夫使犹有遗策，则多算何为？不过招刻严之名，致众人怨恨而已。若果算无遗策，则上犯造物之怒，其为不祥莫大焉！

【注释】

[1] 病殁（mò）：指生病去世。

[2] 瘳：指痊愈。

[3] 前数已定：天命之数，不可更改。

[4] 卢扁：指战国时期名医扁鹊。因家在卢国，故名"卢扁"。

[5] 算无遗策：指心思缜密，计算精细。

凡事当极不好处宜向好处想；当极好处宜向不好处想。

人生荣辱进退皆有一定之数，宜以义命自安[1]。余承乏纶扉[2]，兼掌铨部[3]，常见上所欲用之人，及至将用时，或罢参罚，或病，或故，竟不果用。又常见上所不欲用之人，或因一言荐举而用，或因一时乏材而用。其得失升沉，虽君上且不能主，况其下焉者乎？乃知君相造命之说，大不其然。

为善所以端品行也。谓为善必获福，则亦尽有不获福

者。譬如文字好则中式，世亦岂无好文而不中者耶？但不可
因好文不中，而遂不作好文耳！

制行愈高，品望愈重，则人之伺之益密，而论之亦愈
深，防检稍疏则身名俱损。昔闻人言：有一老僧，道力甚
坚，精勤不怠。上帝使神人察之曰："其勤如初，则可度
世；苟不如前，则诈伪欺世之人，可击杀之。"神伺之久，
不得间^[4]。一日，僧如厕，就河水欲盥手^[5]。神曰："余得
间矣。"将下击，僧忽念曰："此水所饮食也，奈何以手污
之。"因以口就水，吸而涤手。神于是出拜曰："子之心坚
矣，吾无以伺子矣！"向使不转念，则神鞭一击，不且前功
尽弃矣耶！语虽不经，亦可借以自警。

【注释】

[1] 义命自安：安于天命。

[2] 纶扉：清代时指宰辅所在之地。

[3] 铨部：指吏部，有铨选之责。

[4] 得间：获得机会。

[5] 盥手：洗手。

余近来事务益繁，虽眠餐俱不以时，何暇复问家务？乃
知古人所称"公尔忘私，国尔忘家"者，非有意忘之也，亦
其势不得不忘耳！况受恩愈深，职任愈重，即本无私心，而
识浅才疏，尚恐经理之未当。若再存私意于胸中，是乃有心

之过，岂不得罪于鬼神哉！

大臣率属之道 [1]：非但以我约束人，正须以人约束我。我有私意，人即从而效之，又加甚焉。如我方欲饮茶，则下属即欲饮酒；我方欲饮酒，则下属即欲肆筵设席矣。惟有公正自矢，方不为下人所窥。一为所窥，则下僚无所忌惮，尚望其遵我法度哉？

凡事贵慎密，而国家之事尤不当轻向人言。观古人"温室树"可见。总之真神仙必不说上界事，其轻言祸福者，皆师巫邪术 [2]，惑世欺人之辈耳！

"入宫见妒"，"入门见嫉"，犹云同居共事则猜忌易生也。至于与我不相干涉之人，闻其有如意之事，而中心怅怅 [3]；闻有不如意之事，而喜谈乐道之，此皆忌心为之也。余观天下之人，坐此病者甚多。时时省察防闲，恐蹈此薄福之相。惟我两先人，忠厚仁慈出于天性。每闻人忧戚患难之事，即愀然 [4] 不快于心，只此一念，便为人情之所难，而贻子孙之福于无穷矣。

【注释】

[1] 大臣率属之道：统率同僚及下级官员的道理。

[2] 师巫邪术：指欺骗世人的迷信、占卜之术。

[3] 中心怅怅：指内心怅惘和失落。

[4] 愀然：脸色改变，多指悲伤，严肃。

古人以"盛满"为戒。《尚书》曰："世禄之家，鲜克由礼。"[1] 盖席丰履厚，其心易于放逸，而又无端人正士、严师益友为之督责，匡救无怪乎流而不返也。譬如一器贮水，盈满虽置之安稳之地，尚虑有倾溢之患；若置之欹侧之地，又从而摇撼之，不但水至倾覆，即器亦不可保矣。处"盛满"而不知谨慎者，何以异是？

吾人进德修业，未有不静而能有成者。《太极图说》[2] 曰："圣人定之以中正仁义而主静。"《大学》曰："静而后能安，安而后能虑。"且不独学问之道为然也。历观天下享遐龄、膺厚福[3]之人，未有不静者，静之时义大矣哉！

【注释】

[1]　"世禄之家，鲜克由礼"：出自《尚书·毕命》。指尊贵的家庭很少能够世代遵循礼法的规定。

[2]　《太极图说》：北宋理学开山周敦颐所作，为宋明理学的重要经典。

[3]　享遐龄、膺厚福：指人长寿、多福。

人生乐事，如宫室之美，妻妾之奉，服饰之鲜，饮馔之丰洁[1]，声技之靡丽，其为适意者皆在外者也，而心之乐不乐不与焉。惟有安分循理，不愧不怍，梦魂恬适，神气安闲，斯为吾心之真乐。彼富贵之人，穷奢极欲，而心常戚戚[2]、日夕忧虞[3]者，吾不知其乐果何在也？

余自幼体羸弱多疾，精神减少，步行里许，辄困惫不能支。两先人时以为忧。余因此谨疾益力，慎起居，节饮食，时时儆惕[4]。至二十九岁通籍后，气体稍壮。三十二岁，蒙圣祖仁皇帝召入南书房[5]，辰入戌出，岁无虚日。塞外扈从凡十一次，夏则避暑热河，秋则随猎于边塞辽阔之地，乘马奔驰，饮食多不以时，而不觉其劳。犹记丁亥秋，圣祖仁皇帝以外藩诸长君望幸心切，车驾远临，遍历蒙古诸部落。穷边绝漠，余皆珥笔[6]以从，计一百余日不离鞍马，而此身勉强支持，不至委顿。及世宗宪皇帝[7]即位，叨荷殊恩，委任綦重。雍正五六年以后，以大学士兼管吏部、户部尚书，翰林院掌院学士，皆极繁要重大之职，兼以晨夕内直，宣召不时，昼日三接，习以为常。而西北两路，军兴旁午[8]，遵奉密谕，筹划经理，羽书四出，刻不容缓。每至朝房或公署听事，则诸曹司及书吏抱案牍于旁者，常百数十人，环立更进，以待裁决。坐肩舆中，仍披览文书。入紫禁城乘马，吏人辄随行于后，即以应行应止者告之。总裁史馆书局，凡十有余处，纂修诸公，时以所疑相质问，亦大费斟酌，不敢草率。每薄暮抵寓，燃双烛以完本日未竟之事，并办次日应奏之事。盛暑之夜，亦必至二鼓始就寝，或从枕上思及某事某稿未妥，即披衣起，亲自改正，于黎明时，付书记缮录以进。每蒙圣慈洞察，垂悯再三，因谕曰："尔事务繁多至此，一日所办竟至成帙[9]，在他人十日尚未能也。恐而眠食之时俱少矣！嗣后切宜爱惜精神，勿过劳，以负朕念。"圣恩如此，益不敢不努力图报于万一。窃思五十岁以后之情形，与三十岁以前迥乎不同。此皆仰赖天地祖宗之默佑，而戒谨恐惧、时时慎疾之一念，亦未尝无功焉。

凡人耳目听睹大率相同。若能神闲气静，则觉有异人处。雍正癸卯[10]甲辰间，予与高安朱文端公两主会试，每坐衡鉴堂阅文，予伏案握管，未尝停批，而四座主考官彼此互相谈论，或开龙门时，外场御史向内帘御史通问讯，予皆闻之，向朱公一一叙述。朱公曰："古称五官并用者，予未遇其人，今于君见之矣！"余曰："公言太过，予何敢当，此不过偶然耳。"今年逾六十，迥不如前，可知耳目之用，亦随血气为盛衰也！

余近蒙圣恩，赐以广厦名园，深愧过分，昔文端公官宗伯时，屋止数楹，其后洊[11]登台辅[12]，数十年不易一椽[13]，不增一瓦，曰："安敢为久远计耶！"其谨如此，其俭如此，其刻刻求退[14]如此。我后人岂可不知此意，而犹存见少之思耶！

【注释】

[1]　饮馔之丰洁：指考究的饮食。

[2]　心常戚戚：指常怀忧惧之心、居安思危。

[3]　忧虞：忧虑。

[4]　儆惕：谨慎，戒惧。

[5]　南书房：康熙早年读书之处，后在康熙时代成为清廷的核

心政务机关。

[6] 珥笔：古代史官、谏官、近臣常在帽子上插笔，以便随时
记录，谓之"珥笔"。

[7] 世宗宪皇帝：雍正皇帝。

[8] 旁午：交错，纷繁。

[9] 帙：册。

[10] 雍正癸卯：雍正元年（1723）。

[11] 洊（jiàn）：同"荐"。再次、接连。

[12] 台辅：三公之位。

[13] 椽（chuán）：放在檩上架着屋顶的木条，指房屋。

[14] 刻刻求退：时时刻刻准备引退。

大聪明人当困心衡虑之后，自然识见倍增，谨之又谨，
慎之又慎。与其于放言高论中求乐境，何如于谨言慎行中
求乐境耶？

人臣奉职惟以公正自守，毁誉在所不计。盖毁誉皆出于
私心，我不肯徇人之私[1]，则宁受人毁，不可受人誉矣！

他山石曰："万病之毒，皆生于浓。浓于声色[2]，生虚
怯病；浓于货利，生贪饕[3]病；浓于功业，生造作病；浓于
名誉，生矫激病。吾一味药解之曰：'淡。'"吁，斯言诚药
石哉！

【注释】

[1]　徇人之私：曲从他人的私心、私欲。

[2]　声色：指淫声和女色。

[3]　饕（tāo）：传说中的一种凶恶贪食的野兽，古代铜器上面常用它的头部形状作装饰。此处指贪财，贪食。

人以不可行之事来求我，我直指其不可而谢绝之，彼必怫然[1]不乐。然早断其妄念，亦一大阴德[2]也。若犹豫含糊，使彼妄生觊觎[3]，或更以此得罪，此最造孽。人之精神力量，必使有余于事[4]而后不为事所苦。如饮酒者，能饮十杯，只饮八杯，则其量宽然后有余；若饮十五杯，则不能胜矣。

天下万事，莫逃乎命，命有修短，非药石所能挽。文端公常言仁和顾山庸先生，曾患疽[5]发背，医药数百金而愈。同时有邻居贫人，亦患此病，无医药，日饮薄粥，亦愈。其愈之月日与公同。以此知命有一定，不系乎疗治也。

余迁居不择日。或问之，余曰："天下人无论贫富贵贱，莫不择吉日者，莫如婚娶。然其间寿夭穷通不齐者甚多，可知日辰之不足凭，而吾生之有定命也，择日何为乎？"

余生来体弱，每食不过一瓯，肥甘之味，略尝即止。然生平未尝患疟痢，亦由不多饮食之故。世之以快然一饱而致病者，岂少哉！

处顺境则退一步想，处逆境则进一步想，最是妙诀。余每当事务丛集、繁冗难耐时，辄自解曰："事更有繁于此者，此犹未足为繁也。"则心平而事亦就理。即祁寒溽暑[6]，皆作如是想，而畏冷畏热之念，不觉潜消。

为官第一要"廉"。养廉之道，莫如能忍。尝记姚和修之言曰："有钱用钱，无钱用命。"[7]人能拼命强忍不受非分之财，则于为官之道思过半[8]矣！

【注释】

[1] 怫然：忿怒的样子。

[2] 阴德：暗中做的有益于人的事。

[3] 觊觎：非分的希望或企图。

[4] 有余于事：指做事要留余地。

[5] 疽：中医指一种毒疮。

[6] 祁寒溽暑：冬季大寒，夏季湿热。比喻过艰苦的生活。祁寒，大寒。溽暑，湿热。

[7] "有钱用钱"句：指有钱的时候就用钱，无钱的时候就听顺命运的安排。

[8] 思过半：指已经领悟过半。

臣子事君，能供职者，以供职为报恩；不能供职者，即以退休为报恩。盖奉身而退，使国家无素餐之人，贤才有登进之路，亦报恩之道也。

人之葬坟，所以安先人也。葬后子孙昌盛，可以卜先人坟地之吉祥。若先存发福之心[1]以求吉地，则不可。

"货悖而入者，亦悖而出。"[2]平生锱铢必较，用尽心计以求赢余，造物忌之，必使之用若泥沙以自罄其所有。夫劳苦而积之于平时，欢忻[3]鼓舞而散之于一旦，则贪财果何所为耶？所以古人非道非义一介不取。

人家子弟承父祖之余荫，不能克家[4]，而每好声伎[5]，好古玩。好声伎者及身必败；好古玩，未有传及两世者。余见此多矣，故深以为戒。

昔人以《论》《孟》二语，合成一联，云："约，失之鲜矣；诚，乐莫大焉。"[6]余时佩服此十字。

余在仕途久，每见升迁罢斥事，稍出人意外者，众必惊相告曰："此中必有缘故。"余笑曰："宇宙中安得有许多缘故？"而人往往不信。予曰："细思之，却有缘故。何也？命数如此，非缘故而何？"

【注释】

[1] 发福之心：想着为当前之人谋求福禄。

[2] "货悖而入者"句：出自《大学》。悖，违背常理。

[3] 忻（xīn）：同"欣"。

[4] 克家：承担家事。

[5] 伎：技巧，才能。古代称以歌舞为业的女子。

[6] "约，失之鲜矣"句：分别出自《论语》"以约失之者，鲜矣"和《孟子》"反身而诚，乐莫大焉"，大意是如能约束自己，则很少招致过失；以诚立身行事，便是最大快乐。

夏日退食[1]之暇，阅《津逮秘书》[2]，颇足忘暑，且可为博物恰闻之助，但其中鄙俚秽亵之语，往往而有，可知古人著书轻率下笔，亦是大病，读者不可不择也。

古来帝王避讳甚严。唐明皇讳隆基[3]，则刘知几改名；宋钦宗讳桓[4]，则并嫌名丸字避之；高宗讳构[5]，则并勾字避之，而改勾龙氏为缑氏。惟我朝此禁甚宽。世宗宪皇帝时，见臣工奏事有避嫌名者，辄怒。曰："朕安得有许多名字。非朕名而避，是不敬也？"至乾隆元年，今上御极特降谕旨："二名不避讳。"即御名本字亦不避也。圣人度量识见超越千古，即此一事可见。

宋太宗言吕端[6]："小事糊涂，大事不糊涂。"西林相国[7]曰："大事不可糊涂，小事不可不糊涂。若小事不糊涂，则大事必至糊涂矣。"斯言最有味，宜静思之。

世宗宪皇帝时，廷玉日直内廷，上进膳时，常承命侍食。见上于饭颗饼屑，未尝弃置纤毫。每燕见[8]臣工，必以珍惜五谷为训，暴殄天物为戒。又尝语廷玉曰："朕在藩邸时，与人同行，从不以足履其头影，亦从不践踏虫蚁。"圣人之恭俭仁厚，谨小慎微，固有如是者！

【注释】

[1] 退食：退朝休息。

[2] 《津逮秘书》：明代崇祯时期毛晋辑录的丛书。

[3] 唐明皇讳隆基：唐玄宗李隆基。

[4]　宋钦宗讳桓：宋钦宗赵桓。

[5]　高宗讳构：宋高宗赵构。

[6]　吕端：宋初大臣，宋太宗时官至平章事。

[7]　西林相国：鄂尔泰，康熙时期举人，官至保和殿大学士兼兵部尚书。

[8]　燕见：古代帝王退朝闲居时召见或接见臣子。

　　昔人言陆放翁诗："吐纳众流，浑涵万有，神明变化，融为一气。"予自幼读陆诗，数十年来，不离几案。其妙处不可殚述[1]。即如七言绝句中《游近村》一首曰："斜阳古柳赵家庄，负鼓盲翁正作场。死后是非谁管得，满村听说蔡中郎。"又《夜食炒栗》一首曰："齿根浮动叹吾衰，山栗炮燔疗夜饥。唤起少年京辇梦，和宁门外早朝时。"以眼前极平常之事，而出之以含蓄蕴藉，令人百回读之不厌，真化工之笔也。

　　"三百篇"[2]为诗之祖，人共知之，而不知微言精义有在"三百篇"之前者。《虞书》曰："诗言志，歌永言。声依永，律和声。[3]"吾人用功于诗数十年，果能心领神会此十二字，则诗自臻妙境，不可以语言文字传也。

　　西林相国曰："杜少陵《胡马》诗云：'所向无空阔，真堪托死生。'此二语人知其妙，而不知其所以妙。该良马蹀躞[4]奔腾之时，步步著实，所以说'无空'；又步步不越尺，所以说'无阔'；惟其如此，所以'堪托死生'也。"余扈从久，见良马甚多，深知西林确论，能发杜诗之神髓也。

【注释】

[1] 殚述：说尽。

[2] "三百篇"：指《诗经》。

[3] "诗言志"句：出自《尚书·舜典》。

[4] 蹀躞（dié xiè）：马行走的样子。

[5] 神髓：神韵和精髓。

《虞书》言：乐作而"百兽率舞""凤凰来仪"[1]。此史臣极言德化之盛，不必实有其事也。

先公言《摽有梅》[2]之诗，乃女子父母作，非女子自作也。昔人曾有此解，当从之，朱注[3]非也。

先公曰："'民之失德，干以愆'[4]，乃古人自检之密，非轻量天下之人。"此解，玉服膺不忘。非此，则诗人之语病不小矣。

余二十岁时，读陶渊明《五柳先生传》，以为此后人代作，非先生手笔也。盖篇中"不慕荣利""忘怀得失""不戚戚于贫贱""不汲汲于富贵"诸语，大有痕迹，恐天怀旷逸[5]者，不为此等语也。此虽少年狂肆之谈，由今思之，亦未必全非。

余向来所作诗，多毁于火，儿辈言及，往往以为憾。一日读《竹坡诗话》[6]，曰："杜牧之尝为宣城幕[7]，游泾溪水西寺，留二诗。其一曰：'三日去还往，一生焉再游。含情碧溪水，重上粲公楼。'此诗今榜壁间，而集中不载，乃知前人好句零落者，多矣。"余读至此，呼若霭[8]，示之曰："古名人尚如此，何况于余？"为之一笑。

【注释】

[1]　"百兽率舞""凤凰来仪"：出自《尚书·益稷》。

[2]　《摽有梅》：《诗经·召南》中的一篇。

[3]　朱注：朱熹的注解。

[4]　民之失德，干餱（hóu）以愆：出自《诗经·小雅·伐木》。大意是，如果老百姓道德沦丧，一块干粮也会导致罪过。干餱，干粮。愆，罪过，过失。

[5]　天怀旷逸：天性超脱旷达。

[6]　《竹坡诗话》：宋宣城人周紫芝撰。

[7]　幕：幕僚。

[8]　若霭：张廷玉长子张若霭。

昔先文端公祈梦于吕仙祠[1]，梦迁居新室，家人荷砚一担。玉感其祥，因以砚斋为号，并刻图章二：上则"砚斋"，下则"以钝为体，以静为用"八字，盖取唐庚[2]《古砚铭》中语，以自勉也。

偶读明人《杂记》曰："今高丽镜面笺，中国无及之者。"吴越钱氏[3]时，浙江温州作蠲纸，洁白坚滑，大略类高丽纸。供者免其赋税，故曰"蠲纸"。至和年间，方入贡，以权贵索取浸广，而纸户力不能胜，遂止之。今京中所用高丽纸，质虽粗而坚厚异常，远胜内地者。至高丽镜面笺，则不可得，惟于董宗伯[4]墨迹中见之。本朝以来，彼国王用作表笺，市肆中则无从购觅矣。

《竹坡诗话》曰："凡诗人作语，要令事在语中而人不知。予读太史公《天官书》[5]：'天一，枪、棓[6]、矛、盾动摇，角人，兵起。'杜少陵诗云：'五更鼓角声悲壮，三峡星河影动摇。'盖暗用迁语，而语中乃有用兵之意。诗至此，可以为工也。"予偶检书见此，指以示儿辈。古人作诗之妙，读诗之妙，并见于此，学诗者不可不知也。

【注释】

[1] 祈梦于吕仙祠：到吕仙祠（相传是仙人吕洞宾的祠）占卜梦境。

[2] 唐庚：北宋文学家。

[3] 吴越钱氏：五代十国时期的吴越国，为钱镠所建。都城为杭州。

[4] 董宗伯：董其昌，明代万历年间进士，大书法家。

[5] 太史公《天官书》：指司马迁的《史记·天官书》。

[6] 棓（bàng）：古同"棒"，棒子。

偶阅韩魏公[1]《别录》，公尝曰："内刚不可屈，而外能处之以和者，所济[2]多矣。"又曰："以之遇则可以成功，以之不遇则可以免祸者，其惟晦乎？"又曰："知其为小人，便以小人处之，更不须校也。"又曰："人能扶人之危，周人之急，固是美事。能勿自谈，则益善矣。"又曰："寡欲自事简。"公因论待君子小人之际，曰："一当以诚。但知其为小人，则浅与之接耳。"凡人至于小人欺己处，不觉则已，觉必露出其明以破之。公独不然，明足以照小人之欺，然每受之而不形也。尝说到小人忘恩背义欲倾己处，辞和气平，如说平常事。以上数则，语虽浅近，而一段和平忠厚之意，千载而下，犹令人相遇于楮墨[3]间。因命儿辈抄录，以备观览。

《周书·君臣篇》曰："尔有嘉谋嘉猷[4]，则入告尔后[5]于内，尔乃顺之于外，曰：'斯谋斯猷，惟我后之德。'"此数语，自宋儒以来，多有以为成王失言者，余谓不然。周公迁殷顽民于下都，公自监之，公殁，成王命君臣代公。是时，顽民习染已深，非动其尊君亲上感恩戴德之心，不能望其潜消逆志。故令君陈[6]宣布朝廷德意，以为化民成俗之助，非以颂飏谄谀倡导臣工也。观下文曰："殷民在辟，予曰辟，尔惟勿辟；予曰宥，尔惟勿宥，惟厥中。"[7]其以忠直匡正望君陈者，与大舜"予违汝弼"[8]之心又何间哉？

【注释】

[1]　韩魏公：北宋大臣韩琦。韩琦，字稚圭。北宋政治家。

[2]　济：成效。

[3]　楮墨：纸与墨。借指诗文或书画。

[4]　嘉谋嘉猷（yóu）：良好的治国策略。猷，谋略。

[5]　后：君主。

[6]　君陈：周公旦次子。

[7]　"殷民在辟"句：出自《尚书·益稷》。大意是凡殷民有罪尚未法办的，虽然我说当罪，但如果无罪，你该以无罪执法；虽然我说可以宽宥，但如果有罪，你该以不可赦执法，务使合乎中道。辟，法，刑。

[8]　予违汝弼：出自《尚书·虞书·益稷》，大意是，我违道，你当以道义辅正我。弼，匡正，辅佐。

　　《虞书·皋陶》曰："帝德罔愆[1]，临下以简，御众以宽，罚弗及嗣[2]，赏延于世。宥过无大，刑故无小，罪疑惟轻，功疑惟重。与其杀不辜，宁失不经。"以上盛德，古今来仁厚恭俭之主，尚庶几能之。至于"好生之德，洽于民心，兹用不犯于有司"，则所谓过化存神，上下与天地同流者[3]，此固非帝舜不足以当之。然亦必有此数语，始足以见盛德之至，与大圣人功用之全也。予故曰：唐太宗纵囚而囚归，此太宗之所以为太宗也；虞帝好生，而民不犯于有司，此虞帝之所以为虞帝也。

　　偶读《韩蕲王[4]传》，公尝戒家人曰："吾名世忠，汝曹毋讳'忠'字，讳而不言，是忘忠也。"余名玉字，易用而难避。生平见属吏门人皆戒其毋以犯触为嫌，后世子孙当知此意。果能尊敬其父祖，当以服习教训为先，岂在此区区末节乎！

向见同人诗中好句，辄能记诵，历久不忘。今老矣，迥不如前，所记者不过十之一二而已。如院长揆公叙[5]《咏白杜鹃花》曰："三更枝上月如霜。"查悔余慎行[6]《咏金丝桃》曰："偶分处士篱边色，仍是仙人洞口花。"鄂西林《咏枣花》曰："林端暖爱初长日，叶底香怜最小花。"赵横山大鲸[8]《赋得柳桥晴有絮》曰："雪点朱阑暖未消。"此皆咏物之工者。又见朝鲜诗集中，载其国人《咏渔父绝句》，有曰："人世险巇君莫笑[7]，自家身在急流中。"亦自隽永可味。

【注释】

[1]　罔愆：没有过失。

[2]　罚弗及嗣：定罪不可以牵连其后代。

[3]　"则所谓"句：出自《孟子·尽心上》，大意是，圣人所过之处，人民无不被感化，受其精神影响，上合天道，下配地德。

[4]　韩蕲王：韩世忠，南宋初年抗金将领。

[5]　院长揆公叙：书院山长揆叙，满洲正白旗人。康熙时官至左都御史。

[6]　查悔余慎行：查慎行，字悔余，康熙年间进士，文学家。

[7]　赵横山大鲸：赵大鲸，字横山。雍正年间进士，官至左都
　　　御史。

[8]　险巇（xī）：崎岖，艰险。巇，险恶，险峻。

　　君子可欺以其方[1]，若终身不被人欺，此必无之事。倘
自谓"人不能欺我"，此至愚之见，即受欺之本也。

　　天下有学问、有识见、有福泽之人，未有不静者。

　　天下矜才使气[2]之人，一遇挫折，倍觉人所难堪。细思
之，未必非福。

　　凡人好为翻案[3]之论，好为翻案之文，是其胸襟褊浅
处，即其学问偏僻处。孔子曰："中庸不可能也。"[4]请看
一部《论语》，何曾有一句新奇之说？

　　不深知"知人论世"四字之义，不可以读史。

【注释】

[1]　君子可欺以其方：君子可以用合乎情理的方法欺骗。

[2]　矜才使气：凭借自身的才能意气用事。

[3]　翻案：推翻已定的成案。

[4]　中庸不可能也：出自《中庸·章句》，形容中庸之道难以
　　　轻易达到。

卷 二

雍正丙午[1]秋，蒋文肃公[2]主顺天乡试，时太夫人[3]高年在堂。世宗宪皇帝恐其悬念起居，命余索其平安信，于降旨之便传入闱中，以慰其心。圣主锡类之仁，优待大臣之恩谊，至于如此，千古所未有也。

居官清廉乃分内之事。每见清官多刻且盛气凌人，盖其心以清为异人能，是犹未忘乎货贿[3]之见也。至诚而不动者，未之有也。问如何着力，曰："言忠信，行笃敬。"[4]

孝昌程封翁汉舒《笔记》曰："人看得自己重，方能有耻。"又曰："人世得意事，我觉得可耻，亦非易事。此有道之言也。"

读《论语》觉《孟子》太繁，且甚费力。读《孟子》又觉诸子之书费力矣，不可不知。

【注释】

[1]　雍正丙午：雍正四年（1726）。

[2]　蒋文肃公：蒋廷锡，字扬孙。清康熙年间进士，官至户部尚书、文华殿大学士。

[3]　太夫人：汉制，列侯之母称"太夫人"。后世官绅之母，
　　　不论存殁，均如是称呼。

[4]　货贿：财物和谋利。

[5]　"言忠信"句：出自《论语·卫灵公》。

　　程封翁汉舒曰："一家之中，老幼男女无一个规矩礼法，虽眼前兴旺，即此便是衰败景象。"又曰："小小智巧用惯了，便入于下流而不觉。"此二语乃治家训子弟之药石[1]也。

　　凡人看得天下事太容易，由于未曾经历也。待人好为责备之论，由于身在局外也。"恕"之一字，圣贤从天性中来；中人以上者则阅历而后得之；资秉庸暗者虽经阅历，而梦梦如初矣。

　　"人而不仁，疾之已甚，乱也。"熟读全史，方知此语之妙。

　　乾隆五年正月灯节[2]，家庭闲话之际，长男若霭曰："凡占卜星相之事，若深信而笃好之，其人必有受累处，但大小或有不同耳。"余闻之甚喜。盖余几经阅历而后知之，不意若霭少年，能见及此也。

　　本朝定制：各部满尚书在汉尚书之前。廷玉以大学士管吏部、户部事，特命在满尚书之前。雍正六年，公富尔丹[3]管部务，富以公爵兼尚书，非他人可比。玉逊让再四，上仍命余居前。又朝会班次：大学士在领侍卫内大臣之下。上命玉在公侯领侍卫内大臣之上。皆异数也。

【注释】

[1]　药石：药剂和砭石，泛指药物。在此比喻规戒。

[2]　乾隆五年正月灯节：1740 年正月十五。

[3]　富尔丹：满族镶黄旗人。任振武将军、靖边将军，乾隆十三年官至川陕总督、参赞军事。

　　先文端公《聪训斋语》曰："予自四十六七以来，讲求安心之法：凡喜怒哀乐、劳苦恐惧之事，只以五官四肢应之，中间有方寸之地，常时空空洞洞、朗朗惺惺，决不令之入，所以此地常觉宽绰洁净。予制为一城，将城门紧闭，时加防守，惟恐此数者阑入。亦有时贼势甚锐，城门稍疏，彼间或阑入，即时觉察，便驱之出城外，而牢闭城门，令此地仍宽绰洁净。十年来渐觉阑入之时少，不甚用力驱逐。然城外不免纷扰，主人居其中，尚无浑忘天真之乐。倘得归田遂初，见山时多，见人时少，空潭碧落，或庶几矣！"此先公生平得力处，故言之亲切若此。玉常举以告人，无论行者不可得，即解者，亦复寥寥。吁，难矣哉！

　　注解古人诗文者，每牵合附会以示淹博，是一大病。古人用事用意，有可以窥测者，有不可窥测者，若必欲强勉著笔，恐差之毫厘失之千里，不可不慎也。

　　欧阳公[1]论诗曰："状难写之景如在目前，含不尽之意，见于言外然后为工。"此数语，看来浅近，而义蕴深长，得诗家之三昧[2]矣。

忧患皆从富贵中来，阅历久而后知之。

"有不虞之誉，有求全之毁。"[3]在《孟子》则两者平说。究竟不虞之誉少，而求全之毁多，此人心厚薄所由分也。孔子曰："如有所誉者，其有所试矣。[4]"是则圣人之心，宁偏于厚。其异乎常人者亦在此。

【注释】

[1] 欧阳公：指北宋欧阳修。

[2] 三昧：诀要，佛教用语。指止息杂念，心神平静；也指得其精要。

[3] "有不虞之誉"句：出自《孟子·离娄上》。指行为不足以受到赞美反而受到了赞美，而想要达到完美却反而遭到诋毁。

[4] "如有所誉者"句：出自《论语·卫灵公》，指假如我对人有所称誉，必然是曾经考验过他的。

余斋[1]《耻言》[2]曰："名谏[2]者，忠之贼也。因他人之过以市名[3]，长厚者不为，矧[4]君子乎？"又曰："实二而名一，则名立而不毁矣。行五而言三，则言出而寡尤矣，斯之谓有余地。"又曰："有家者，莫患乎昧大体而听小言，夫衅起于背语[5]，而祸烈于传构。若能结妇妾之口，锢仆婢之唇，宜家将过半矣。"又曰："士大夫在乡，使乡之人敬之，其次爱之，若人可侮焉，末矣，然犹贤于使人惴惴而莫或敢侮者。"又曰："仁，生理也。故卉木实中之含生者，命之仁。实即诚也，物之终始也，故卉木之既结而又传生者，命之实。"余斋，徐姓，祯稷其名也，江南华亭人，明末官至副宪。

开卷有益，此古今不易之理。犹记余友姚别峰[6]有诗曰"掩书微笑破疑团"，尤得开卷有益自然而然之乐境也。余深爱之。

后世取士舍科目，更无良法，但在主考同考官公与明耳！虽所得之士，不能尽备国家之用，而司其柄者，能公正无私，使天下士子安于义命，则士心自静，士品自端，于培养人才，不无裨补。余自通籍以来，累蒙三朝圣主委任，三与会闱分校[7]，一典顺天乡试，三为会试总裁。不敢云鉴别无爽，而秉公之念，则恪遵先人之训，可以对天地神明耳！

【注释】

[1]　余斋：徐祯稷，明代万历年间进士，曾任四川副使，政绩良好。

[2]　名谏：通过谏诤而博取声名。

[3]　市名：求取名声。

[4]　矧（shěn）：何况。

[5]　背语：私下传话。

[6]　姚别峰：清代桐城人，举人，有才气。

[7]　会闱分校：会试考场。分校，阅卷。

《女论语》[1]曰:"凡为女人,先学立身。立身之本,惟务清贞。清则身洁,贞则身荣。行莫回头,语莫露齿。坐莫动膝,立莫摇裙。喜莫大笑,怒莫高声。内外各处,男女异群。莫窥外壁,莫出外庭。居必掩面,出必藏形。男非眷属[2],莫与通名。女非善淑,莫与相亲。立身端正,方可为人。"此训女之至言也!凡为父母者,当书一通于居室中。

康熙壬午[3]春,先公予告归里,谕廷玉曰:"嗣后可写日记寄归,俾知汝起居近况,以慰老怀。"玉遵命,每日书之。甲申[4]四月,奉命入直南书房。仰蒙圣祖仁皇帝恩谊稠渥,锡赉便蕃[5],不啻家人父子。且每岁扈从避暑塞外,凡口外山川形胜,风土人物,以及道理之远近,气候之凉燠[6],草木之华实,饮食日用之微,游览登眺,寓目适情之趣,悉载日记中。越数日,邮寄数纸,以博堂上一笑。先公每接到,辄命小胥[7]缮录[8]之,积之既久,遂成四帙。因以抄本及原稿寄廷玉,曰:"好藏之,他日载之集中,亦著述中一种也。"廷玉受而藏之箧笥,后因室庐不戒于火,遂成灰烬。每念先公集邮寄之意,辄为泫然[9]!而曩时所历之境,已阅三十余年,静中思之,不过得其仿佛,欲举以笔之于书,不能矣!抚今追昔,慨惜曷胜。

【注释】

[1] 《女论语》:唐代宋若莘著,宋若昭作解。与《女诫》《内训》《女范捷录》合称《女四书》。与《列女传》等均为

中国古代女性德育教材。

[2] 眷属：指夫妻。

[3] 康熙壬午：康熙四十一年（1702）。

[4] 甲申：康熙四十三年（1704）。

[5] 锡赉（lài）便蕃：频繁恩赐。锡赉，赏赐。便蕃，多次。

[6] 燠（yù）：热。

[7] 胥：官府中的小吏。

[8] 缮录：修补，抄写。

[9] 泫然：水滴落的样子。在此指流泪。

雍正十年，山东省奏销上年正赋[1]，绅士欠粮不完者，例应褫革[2]，该部照例具奏。上以问同官[3]，同官曰："法当如此。不褫，无以警众。"上复问廷玉，廷玉对曰："绅士抗粮，罪固应褫。第山东连年荒歉，输将不给[4]，情有可原，尚与寻常抗玩者有间。可否邀恩，宽限一年，俟来岁不完，然后议处，以昭法外之恩。"上恻然曰："尔言诚是！"遂降宽限三年之恩旨。此次得免褫革者，进士及举贡生监，凡一千四百九十七人。上之矜恤[5]士类，从善如流如此。偶举一端，以见如天之德，诚古今所莫及云。

余授馆职[6]后，丙戌科[7]，奉命分校春闱。在闱中，有同事人以微词[8]探余者，余逆如其意，因作《闱中·对月绝句》四首，中有云："帘前月色明如昼，莫作人间暮夜看。"其人揽之，怀惭而退。撤棘[9]后，士林颇传诵之。

【注释】

[1] 奏销上年正赋：上报本年度赋税。

[2] 褫（chǐ）革：革除功名。褫，剥夺。

[3] 同官：同一个官衙内的官员。

[4] 输将不给：将要无法供应赋税。

[5] 矜恤：怜悯，体恤。

[6] 馆职：散馆授检讨职。

[7] 丙戌科：康熙四十五年（1703）的科举考试。

[8] 微词：隐晦而有含义的话。指有人试图探听考试结果。

[9] 撤棘：科举考试结束。

《聪训斋语》曰："治家之道，谨肃为要。《易经·家人卦》，义理极完备，其曰：'家人嗃嗃，悔、厉、吉；妇子嘻嘻，终吝。''嗃嗃'近于烦琐，然虽厉而终吉。嘻嘻流于纵轶，则始宽而终吝。余欲于居室自书一额，曰'惟肃乃雍'，常以自警，亦愿吾子孙共守也。"先公之家训如此，因忆先室[1]姚夫人，幼奉端恪公之教，长而于归[2]。能体两先之心，不苟言，不苟笑，一举一动，悉遵矩矱[3]。于"肃"之一字，庶几近之。惜乎享年不永，不能令子女辈亲见而取法也。

凡人精神智虑，少壮之时，则与年俱进；渐衰之后，则与年递减。世宗宪皇帝初登大宝[4]时，玉年五十有一。日侍左右，凡训谕臣民之旨，缠绵剀恻，委曲宛转，为千古帝王之所未发。玉恭聆之下，敬谨嘿识[5]，退而缮录，于次日进呈御览。少者数百言，多者至数千言，皆与原降之旨，无少遗漏，屡蒙先帝嘉奖逾量[6]。同朝共事之人，咸以为难。乃五十五岁以后，记性渐不如前。至六十以外，又不如五十七八时。今则六十有九，又不如六十一二时矣。精力日益衰颓，而担荷重任不能为引年退休之计，可愧亦可惧也。

【注释】

[1]　先室：逝去的妻子。

[2]　于归：出嫁。

[3]　矩矱（yuē）：规矩。矱，尺度，法度。

[4]　大宝：皇位。

[5]　嘿识：默记在心。

[6]　逾量：过量。指嘉奖频繁。

天理人情是一件，不得分而为二。《论语》曰："父为子隐，子为父隐，直在其中矣！"[1]律文有"得相容隐"之条，即从《论语》中来。细玩夫子"某也幸，苟有过，人必知之"[2]数语，其妙处不可以言传矣。至《孟子》"父子相夷"[3]数句，则不免语病。

《韩魏公遗事》曰："公判京兆[4]，日得侄孙书云，田产多为邻近侵占，欲经官陈理。公于书尾题诗一首云：'他人侵我且从伊，子细思量未有时。试上含光殿基看，秋风秋草正离离。'其后子孙繁衍，历华要者不可胜数，以其宽大之德致然也。"先文端公日以逊让训子孙，《聪训斋语》往复数千言，剀切 [5] 缠绵即是此意。从今日观之，从前让人无纤毫亏损，而子孙荣显，颇为海内所推，孰非积德累仁之报哉！韩魏公判相州，因祀宣尼 [6]，省宿有偷儿入室，挺刃曰："不能自济，求济于公。"公曰："几上器具，可值百千，尽以与汝。"偷儿曰："愿得公首以献西人。"公即引领 [7]，偷儿稽颡 [8] 曰："以公德量过人，故来相试。几上之物，已荷公赐，愿无泄也。"公曰："诺！"终不以告人。其后，为盗者以他事坐罪，当死于市中，备言其事，曰："虑吾死后，公之遗憾不传于世也。"此魏公遗事，载于《别录》者。

【注释】

[1] "父为子隐"句：出自《论语·子路》。

[2] "某也幸"句：出自《论语·述而》，原文作"丘也幸"。

[3] "父子相夷"句：出自《孟子·离娄上》。相夷，相互伤害。

[4] 判京兆：担任京城的行政长官。

[5] 剀（kǎi）切：符合事实。

[6] 宣尼：汉平帝追谥孔子为宣尼公，后称孔子为宣尼。

[7] 引领：伸出脖子。

[8] 稽颡（sǎng）：古代一种跪拜礼，屈膝下拜，以额触地，表示虔诚。

范景仁 [1] 曰："君子言听计从，消患于未萌，使天下阴受其赐，无智名，无勇功。吾独不得为此，使天下受其害，而吾享其名，吾何心哉？"此数语，乃古今纯臣 [2] 肺腑之言也！

欧阳文忠公之子，名发，述公事迹有曰："公奉敕 [3] 撰《唐书》，专成《纪》《志》《表》，而《列传》则宋公祁 [4] 所撰。朝廷恐其体不一，诏公看详，令删为一体，公虽受命，退而曰：'宋公于我为前辈，且各人所见不同，岂可悉如己意。'于是一无所易。"余览之，为之三叹。每见读书人于他人著作，往往恣意吹求以炫己长。至于意见不同，则坚执己见，百折不回 [5]，此等习气，虽贤者不免。览欧公遗事其亦知古人之忠厚固如是乎！

【注释】

[1] 范景仁：宋代人，仁宗时任职知谏院，后为翰林学士。

[2] 纯臣：忠正的大臣。

[3] 奉敕：奉皇帝的诏令。

[4] 宋祁：字子京，宋代史学家、文学家，与欧阳修共同编撰《新唐书》。

[5] 百折不回：指读书为文固持自己的看法而不知改悟。

《庄子》曰："爱马者，以筐盛矢，以蜃盛溺。适有蚊虻扑缘，而拊之不时，则缺衔毁首碎胸 [1]。"东坡诗曰：

"莫将诗句惊摇落，渐喜樽罍[2]省扑缘。"欧阳公《憎蚊》诗曰："难堪尔类多，枕席厌缘扑。"是"扑缘"二字皆颠倒皆可用，想欧公有所本也，姑识之以俟考[3]。

余二十岁时，见钱牧斋[4]笺注杜工部《洗兵马》，以为隐刺肃宗[5]，即大不以为然。盖肃宗此时收复两京，再造唐室，故少陵作此诗，以志庆幸。岂逆料其将来有失子道，而为讥刺之语耶？近见注杜诸家，俱痛贬牧斋之说，与余意同。可见人心之公，而持论不可以过刻[6]也。

《全唐诗》[7]之内，载郭汾阳[8]《乐章》二篇，外此，无他吟咏。汾阳功业，照耀古今，不必以诗文见长。即此二章，料亦后人重公而为此附会之纪载耳，非公手制也。又《全唐诗》内，载李邺侯[9]诗三首。邺侯，一代大文人，其诗篇岂止于此？可见古名人著作散逸[10]而不传者，不知其凡几[11]也。

【注释】

[1] "《庄子》曰"句：出自《人间世·第四》："以筐盛矢，以蜃盛溺。"用筐盛马的粪便，用贝壳盛马尿。"蚊虻扑缘"，蚊虻叮咬马。扑缘，附着。"拊之不时"，驱赶不在适当的时机。"缺衔毁首碎胸"，马受到惊吓而对人造成伤害。

[2] 樽罍：盛酒的器皿。

[3] 俟考：等待考证。

[4]   钱牧斋：钱谦益，明末清初文学家、藏书家。

[5]   肃宗：唐肃宗李亨，唐玄宗之子。

[6]   过刻：过于苛刻。

[7]   《全唐诗》：清代康熙年间彭定求、曹寅编次。

[8]   郭汾阳：唐代中期平定安史之乱的大将郭子仪。

[9]   李邺侯：唐代大臣李泌，历仕肃宗、代宗和德宗三朝，官
        至宰相。

[10]   散逸：散落遗失。

[11]   凡几：总共多少。

余常同人论诗，戏为粗浅之语曰："杜少陵诗，一派温厚沉著之气，冬日读之令人暖。白香山诗，一派潇洒爽逸之气，夏日读之令人凉。"同人颇以为确，不以为粗浅而哂之也。

欧阳公《归田录》曰："腊茶出于剑、建[1]，草茶[2]出于两浙[3]。两浙之品，日注[4]第一。自景佑[5]以后，洪州[6]双井、白芽渐盛，近岁制作尤精。囊以红纱，不过一二两，以常茶十数斤养之。用辟暑湿之气。其品远出日注上，遂为草茶第一。"欧公记载如此。余性最嗜茶，四方士大夫以此相饷者颇多。仰蒙世宗皇帝颁赐佳品，一月之中必数至，皆外方精选入贡者。种类亦甚多，器具亦极精致，可谓极茗饮之大观矣！然不闻有囊以红纱、养以常茶之说，而暑湿不侵、色香如故。想古法不必行于今日也。

【注释】

[1]　剑、建：今属四川、福建两省。

[2]　草茶：烘烤而成的茶叶。

[3]　两浙：浙东和浙西。

[4]　日注：日铸，今浙江省绍兴日铸山，以产茶著名。

[5]　景佑：宋仁宗年号。

[6]　洪州：今江西省南昌市。

　　蔡绦[1]《西清诗话》曰："诗家视陶渊明，犹孔门视伯夷[2]。"此最为确论。

　　元好问[3]《五岁德华小女》曰："牙牙姣女[4]总堪夸，学念新诗似小茶。"注曰：唐人以茶为小女美称。

　　杜少陵《观公孙大娘弟子舞剑器行》曰："先帝侍女八千人。"白香山《长恨歌》曰："后宫佳丽三千人。"所谓"八千""三千"者，盖言其多耳，非实指其数也，合观二诗可见。少陵诗："夜足沾沙雨，春多逆水风。"香山诗："巫山暮足沾花雨，陇水春多逆浪风。"不知香山何以全用杜句，但改五言为七言耳！此亦古人之不可解者。

【注释】

[1]　蔡绦：北宋蔡京之子，擅长文学。

[2]　伯夷：商末孤竹君长子，与其弟弟叔齐劝谏武王不可伐纣，后不食周粟而死。

[3]　元好问：金末元初文学家，号遗山。

[4]　姣女：女儿容貌姣好。

　　尝读高青邱[1]《梅花》诗有曰："春后春前曾独探，江南江北每相思。"又曰："拟折赠君供寂寞，东风无那欲残时。"又曰："春愁寂寞天应老，夜色朦胧月亦香。"此数句集中皆两见。又元遗山诗中，用古人成语甚多，不以为嫌。至其人自为诗句，重见集中者，更不一而足。想古人才思横逸[2]繁富，不暇检点，以致彼此互见耳。

　　偶与同人谈古今最巧者何事。余曰："《尧典》[3]中载之矣！"客问何事，余曰："以闰月定四时成岁，千古节候，被他算定不差纤毫。非天下之至巧乎？"同人大笑。

　　《广雅》[4]曰："玉延[5]，薯蓣也。"《本草》[6]："薯蓣生于山者名山药；秦楚之间名玉延。"朱子[7]《山药》诗曰："欲赋玉延无好语，羞论蜂蜜与羊羹。"

【注释】

[1]　高青邱：明代高启，字季迪。明代诗人，文学家。

[2]　横逸：奔放不羁。

[3]　《尧典》：指《尚书·尧典》。

[4]　《广雅》：我国最早的一部百科词典，为三国时期魏国张辑撰写。

[5]　玉延：山药。

[6]　《本草》：《神农本草经》的简称，中国古代的药书。

[7]　朱子：指南宋大儒朱熹。《口铭》：晋代傅玄著。

　　人情好言梦，而梦之征验不爽[1]者，尤喜谈而乐道之，遂成信梦之癖。余曰："是逐末而忘其本矣！人之祸福，既预见于梦，可见有一定之数，非人之所能逃也。与其信梦，不如信数[2]。营营扰扰者，又何为乎？高青邱《志梦》一篇，读之可以增长道心。"

　　宋制：以内夫人[3]六人轮日修起居，至暮，封付史馆；明时则内监[4]纪之；今则仍明朝之旧也。

　　郭子仪，字子仪。其父敬之，字敬之。可见古人以名为字者，不少也。

　　明少师刘健[5]，登青柯坪[6]，顾其下，白雾涨如大海，时见雾中作烟突状，高低不一；而仰视，赤日当天。下山，始知大雷霹雳，骤雨如注。所见烟突，即雷也。每思雷所起处，得此豁然。此见之明人纪载者。

【注释】

[1]　征验不爽：应验无差。

[2]　信数：相信命定之数。

[3]　内夫人：宋代女官名，记录皇帝起居之事。

[4]　内监：宦官。

[5]　刘健：刘文靖，明代孝宗时官至文渊阁大学士，内阁首辅。

[6]　青柯坪：今陕西省华山谷口。

　　余素不信星命之说[1]。偶读高青邱文，曰："韩文公[2]诗有'我生之初，月宿南斗'之句，苏文忠公[3]谓公身坐磨蝎宫[4]也，而己命亦居是宫，故生平毁誉颇相似焉。夫磨蝎即星纪之次，而斗宿所躔[5]也，星家者说身命舍是者，多以文显。以二公观之，其信然乎？余命亦舍磨蝎，又与文忠皆生丙子。"青邱自记者如此。由今观之，三公皆享文章盛名，而遭值排挤谤毁，甚至不克令终[6]，大概相似，然则星家者说，古人不废，亦未可尽以为渺茫耶。

　　《庐山志》言蛇雉蚯蚓之类，穴山而伏，三十年则化而为蛟。常以夏月乘雷雨去之江湖，三数年一次（见《筠廊偶笔》）。

　　《云烟过眼录》[7]曰："李伯时貌天厩满川花，放笔而马殂[8]。盖神魂精魄，皆为笔端取去，实为异事。"余谓在此与张僧繇[9]画龙点睛即飞去事同一理也。

　　《聪训斋语》曰："放翁诗：'倩盼作妖狐未惨，肥甘藏毒鸩犹轻。'此老知摄生哉！"玉谓此二语，可作富贵人座右箴。

【注释】

[1]　星命之说：根据星相算命之术。

[2]　韩文公：韩愈，字退之，号昌黎。唐代中期政治家、思想家、文学家。

137

[3]　苏文忠公：苏轼。

[4]　磨蝎宫：星宿之一，据说命处此宫，则经历多磨难。

[5]　躔（chán）：本义践履，这里指天体的运行。

[6]　不克令终：不能够尽天年而终。

[7]　《云烟过眼录》：元代周密撰写，记录书画等艺术品的品评赏析之语。

[8]　"李伯时"句：李伯时，北宋画家李公麟。天厩，马房。满川花，马名。殂（cú），死亡。

[9]　张僧繇：梁天监中为武陵王侍郎，直秘阁知画事，历右军将军、吴兴太守。擅画佛像、龙、鹰，多作卷轴画和壁画。成语"画龙点睛"的故事即出自有关他的传说。

《聪训斋语》曰："予性不爱观剧，在京师，一席之费，动逾数十金。徒有应酬之劳，而无酣适之趣，不若以其费济困赈急，为人我利溥也。予六旬之期，老妻礼佛时，忽念：诞日，例当设梨园宴亲友。吾家既不为此，胡不将此费制绵衣绔百领，以施道路饥寒之人乎？次日为余言，笑而许之。予意欲归里时，仿陆梭山居家之法：以一岁之费，分为十二股，一月用一分，每日于食用节省。月晦之日，则总一月之所余，别作一封，以应贫寒之急。能多作好事一两件，其乐逾于日享大烹之奉多矣！但在勉力而行之。"先公之垂训如此。玉生平亦不爱观剧，盖天下之乐，莫乐于闲且静。果能领会此二字，不但有自适[1]之趣，即治事读书，必志气清明，精神完足，无障碍亏缺处。若日事笙歌，喧哗杂迨[2]，神智渐就昏惰，事务必至废弛，多费又其余事也。至于畜优人[3]于家，则更不可。此等轻儇佻达[4]之辈，日与子弟家人相处，渐染仿效，默夺潜移，日流于匪僻，其害有不可胜言者。余居京师久，见富贵家之畜优人者，或数年，或数十年，或一再传而后必至家规荡弃，生计衰微，百不爽一。呜呼！人情孰不为子孙计，而乃图一时之娱乐，贻后人无穷之患，不亦重可叹哉！

邵康节[5]尝诵希夷[6]之语，曰："得便宜事不可再作，得便宜处不可再去。"又曰："落便宜处是得便宜。"故康节诗云："珍重至人常有语，落便宜事得便宜。"元遗山[6]诗曰："得便宜处落便宜，木石痴儿自不知。"此语常人皆能言之，而实能领会其意者，非见道最深之人不足以语此也。余不敏[7]，愿终身诵之。

【注释】

[1]　自适：悠然闲适而自得其乐。

[2]　杂迨（dài）：纷杂迨甚。

[3]　畜优人：在家中蓄养以乐舞、戏谑为业的艺人。

[4]　轻儇（xuān）佻达：指轻佻，轻薄，放荡。

[5]　邵康节：指北宋大儒邵雍。希夷，北宋初年道士陈抟，著有《太极图》《指玄篇》等。

[6]　元遗山：指元好问，字裕之，号遗山，金代文学家。

[7] 不敏：不聪明，不明事理。谦辞。

　　余侍从西郊，蒙世宗皇帝赐居戚畹[1]旧园。庭宇华敞，景物秀丽，京师所未有也。寝处其中十余年矣，而器具不备，所有者皆粗重朴野，聊以充数而已，王公及友朋辈多以俭啬讥嘲。余曰："非俭啬也，叨蒙先帝屡赐内帑[2]多金，办此颇有余赀。但我意以为：人生之乐，莫如自适其适。以我室中所有之物而我用之，是我用物也；若必购致拣择而后用之，是我为物所用也。我为物所用，其苦如何？陶渊明之不肯'以心为形役'者，即此义。况读书一生，身膺重任，于学问政事所当留心讲究者，时以苟且草率多所亏缺为惧，又何暇于服饰器用间，劳吾神智以为观美哉？"

　　小筑园亭，以为游观偃息[3]之所，亦古贤达人之所不废。但须先有限制，勿存侈心。盖园亭之设，大以成大，小以成小。凡一二百金可了者，用至一二千金而犹觉不足，一有侈心，便无止极，往往如此。白香山《池上篇》云："可以容膝，可以息肩[4]，何尝不擅美于千古哉！"

【注释】

[1] 戚畹：外戚居住的地方。

[2] 内帑：内库，皇帝自己的收入。

[3] 偃息：停留，休息。

[4] 息肩：卸除责任，免除劳役。

卷 三

凡人借书至日久遂藏匿不还，或室中所有之书，有所残缺失落，而不及早检点寻觅，均是读书人之病。

《五色线》[1]曰："侯道华[2]好子史，手不释卷。尝曰：'天上无愚懵仙人。'"予曰：不独此也！自非大智、大仁、大勇不能为仙，仙岂易言哉！

余二十岁外，批阅书籍，遇赏心怡情及不常经见者，辄笔之于书，名曰"随手录"。至五十时，得五帙，约计千篇有余。不意回禄[3]为灾，遂化为乌有，自后不复再录矣！天下事难成而易败，大抵如此也。

【注释】

[1]　《五色线》：书名，书中多记录新颖奇怪之事。

[2]　侯道华：唐代人，后成仙人。

[3]　回禄：相传为火神之名，后代指失火，火灾。

《梦溪笔谈》[1]曰："茶芽，古人谓之'雀舌''麦颗'，言其至嫩也。今茶之美者，其质素良，而所植之又美，则新芽一发，便长寸余，其细如针，唯芽长为上品，以其质干土力皆有余故也。如雀舌、麦颗者，极下材耳[2]，乃北人不识，误为品题。《尝茶》诗云'谁把嫩香名雀舌？定应北客未曾尝。不知灵草天然异，一夜风吹一寸长。'"余性嗜茶，且蒙恩赐络绎，于各省最上之品，无不尝遍。每随俗呼嫩芽为"雀舌"，而不知其误也，特书之以志之。

李峤[3]平日卧青绝[4]帐，帝以为太俭，赐御用绣罗帐。峤寝其中，达晓不安，怪而生疾。此等事，人或以为矫，而以予素性论之，则知其必然。予蒙恩赐衣冠器具之华美者，对之实有局蹐不宁之意，惟有什袭[5]珍藏，以示子孙，不敢轻自服用也。

余幼年见妇有七出[6]之条，而恶疾与无子亦在应出之列，心窃疑焉。以为恶疾、无子，乃生人之不幸，非失德也。以此被出，殊非情理。只以载在《礼经》，不敢轻议。蓄志于心久矣！昨读刘诚意所著《郁离子》[7]，有曰："或问于郁离子曰：'在律妇有七出，圣人之言与？'曰：'是后世薄夫之所云，非圣人意也。夫妇人从夫者也，淫也、妒也、不孝也、多言也、盗也，五者天下之恶德也。妇而有焉，出之，宜也。恶疾之与无子，岂人之所欲哉？非所欲而得之，其不幸也大矣，而出之忍矣哉？'夫妇，人伦之一也。妇以夫为天，不矜其不幸，而遂弃之，岂天理哉！而以是为典训，是教不仁，以贼人道也！仲尼殁而邪辞作，惧人之不信，而驾圣人以逞其说。呜呼！圣人之不幸而受诬也，甚矣哉!"诚意此论,仁至义尽,实获我心。览之为一大快,特命儿辈录出识之。

【注释】

[1] 《梦溪笔谈》:笔记集。宋代沈括著。

[2] 下材:下等的材料。

[3] 李峤:唐高宗年间进士。

[4] 绝(shū),粗绸。

[5] 什袭:重重包裹。指郑重珍藏。

[6] 七出:出自《孔子家语·本命解》:"妇有七出三不去。七出者:不顺父母者,无子者淫僻者,嫉妒者,恶疾者,多口舌者,盗窃者。"古代遗弃妻子的七种条款。

[7] 《郁离子》:明代刘伯温著。

凡人于极得意、极失意时,能检点言语,无过当之辞,其人之学问器量,必有大过人处。

欧阳文忠公出杜正献公[1]之门。欧阳和杜诗有曰:"貌先年老因忧国,事与心违始乞身。"杜甚喜,一时传诵之。见《竹林诗话》。

予生平登山游览,只至半山,而不登其巅;入寺登塔,亦止于一二层,而不蹑其顶。盖身体羸弱,不敢为竭力事。且承先人训,时存知足之心,切凛[2]高危之戒也。不意中年,受国家厚恩,官阶荣显,超轶等伦,尝清夜自思,汗流浃背。

叹曰：竟造浮图绝顶，高出云表矣！是岂予之初心哉。

"乐道人之善"，"恶称人之恶"，皆出于《论语》，可作书室对联，触目警心也。

明儒吕叔简 [3] 先生坤曰："家人之害，莫大于卑幼各恣其无厌之情，而上之人阿其意而不之禁；尤莫大于婢子造言 [4] 而妇人悦之，妇人附会 [5] 而丈夫信之。禁此二害，而家不和睦者，鲜矣！"又曰："今人骨肉之好不终，只为看得'尔我'二字太分晓。"此二段语虽浅近，实居家之药石也。

【注释】

[1]　杜正献公：杜衍，字世昌。北宋初年大臣。

[2]　凛：畏惧。

[3]　吕叔简：吕坤，字叔简，号心吾。明代万历年间进士，明末大儒。

[4]　造言：制造谣言。

[5]　附会：附和。

吕叔简曰："做官都是苦事，为官原是苦人。官职高一步，责任便大一步，忧勤便增一步。圣贤胼手胝足 [1]，劳心焦思，惟天下之安而后乐；众人快欲适情，身尊家润，惟富贵之得而后乐。"予爱其语，书一通于座右。

宋有日应百篇科，则一日作诗百首也。太宗 [2] 时，得赵国昌一人，然止成数十首，率无可观。帝命赐及第，后无继者。

明人《万历野获编》[3]云："正德[4]三年戊辰科场届期，司天者言：'荧惑守，文昌不移，闱中应为之备。'甫毕末场，火发于内，力救乃止，遂促出榜，期以二月二十七日揭晓。才毕事而至公堂被烬，星占之验如此。"又曰："嘉靖[5]丙辰、巳未二科，不选庶常。至壬戌，已定议（选馆），至期诸进士入内候试。内阁拟题，进呈御览。久之，御札批曰：'今年且罢。'盖诸进士贷金于中贵，以赂首揆分宜[6]，为其同侪密奏，故降旨中辍[7]耳。"

【注释】

[1]　胼（pián）手胝（zhī）足：手掌和脚底都磨出了老茧。指极其辛劳。

[2]　太宗：指宋太宗赵光义，北宋第二位皇帝。

[3]　《万历野获编》：明代沈德符作。该书主要记载万历年间事情，取材广泛。万历，神宗朱翊钧的年号。

[4]　正德：明武宗朱厚照年号。

[5]　嘉靖：明世宗朱厚熜年号。

[6]　"盖诸进士"句：中贵，有权势的太监。首揆，明代的内阁首辅。分宜，严嵩乃江西分宜人，世人多以"分宜"代称。

[7]　中辍：中止。

偶见明人记载，以人臣一典文衡[1]者，为遭逢之盛事。永乐[2]正统间，钱侍郎习礼三为会试同考官，两主乡试，三充廷试读卷官。又刘文靖健再主两京乡试，四为会试同考官，一主会试，六充廷试读卷官。李文正东阳再主两京乡试，两为会试同考官，两主会试，八充廷试读卷官。杨文敏荣一典京畿乡试，九为廷试读卷官。胡忠安濙十知贡举。士林皆传为美谈。

余自通籍以来，康熙丙戌、壬辰、乙未[3]三科，为会试同考官。雍正癸卯，主顺天乡试。雍正癸卯、甲辰[4]，乾隆丁巳[5]，三主会试。康熙辛丑，雍正癸卯、甲辰、丁未、庚戌，乾隆壬戌[6]，六充廷试读卷官。其余廷试诸年，皆以弟子与试，引例回避。惟雍正癸卯年，胞弟廷璩，堂弟廷玠，侄子若涵，同登甲榜，廷试时，余不应读卷，蒙世宗宪皇帝特降谕旨，破格简用，尤异数中之罕见者。

【注释】

[1] 文衡：评判科举考试文章以取士。

[2] 永乐：明成祖朱棣年号。正统：明英宗朱祁镇年号。

[3] 康熙丙戌、壬辰、乙未：1706 年、1712 年、1715 年。

[4] 雍正癸卯、甲辰：1723 年、1724 年。

[5] 乾隆丁巳：1737 年。

[6] 康熙辛丑，雍正癸卯、甲辰、丁未、庚戌，乾隆壬戌：1721 年，1723 年、1724 年、1727 年、1730 年、1742 年。

董华亭宗伯[1]曰："结千百人之欢，不如释一人之怨。"余曰：此长厚之言也！凡人居官理事，旌别淑慝[2]，乃其本职。人不能有善而无恶，则我不能有赏而无罚，即不能有感而无怨矣！乡愿之事，势不能为。如管仲夺伯氏骈邑三百，没齿无怨言；诸葛武侯废廖立为民，徙之汶山，武侯薨，立泣曰："吾终为左衽矣。"如伯氏、廖立者，皆公平居心之贤人也。彼世俗之人，小不如己意，则衔之终身矣，若欲释怨非，枉道废法，其何以哉？

山东曹县吕道人，不知其年，问之亦不以实告，大约在百龄内外。善养生修炼之术，鹤发童颜，步履矍铄[3]。终日不食亦不饥，顶心出香气，如麝檀[4]硫磺然，此予亲见者。以针砭[5]为人疗病，辄效[6]。赠以财物不受，曰："天下之物，那一件是我的！"人曰："聊以表吾心耳！"答曰："天下之物，那一件是你的！"此二语，予最爱之，可以警觉天下之贪取妄求而不知止足者。

凡人度量广大，不嫉妒，不猜疑，乃己身享福之相，于人无所损益也。纵生性不能如此，亦当勉强而行之。彼幸灾乐祸之人，不过自成其薄福之相耳，于人又何损乎？不可不发深省。

明嘉靖自十三年乙未馆选[7]之后，遇丑未则选，遇辰戌则停，终世宗之朝。三十余年，遂为故事[8]。其后丙辰、己未、壬戌，连三科不选，至乙丑始复考。而穆宗[9]御极二年为戊辰，以龙飞首科[10]，特选三十人。至万历[11]二年，虽首科亦不选矣。此后庚辰亦如之。至丙戌，次揆^[12]王太仓建议，始复每科馆选之例，盖自张永嘉^[13]丙戌摧残以来，至是恰一周天，亦固运会^[14]使然也。此载之《万历野获编》者。

【注释】

[1] 董华亭宗伯：董其昌，字玄宰，别号香光居士，著名书画大家。万历年间进士，官至礼部尚书。礼部尚书别称"大宗伯"。

[2] 旌别淑慝：辨别善恶。

[3] 矍铄：形容老人目光炯炯、精神健旺。

[4] 麝檀：麝香和檀香。

[5] 针砭：古代的一种针刺疗法。砭是古代治病的石头针。

[6] 辄效：即刻见效。

[7] 馆选：明清翰林院人员在当年新晋进士中选任馆职，称为馆选。

[8] 故事：先例，成例。

[9] 穆宗：明隆庆皇帝，嘉靖皇帝之子。

[10] 龙飞首科：新皇帝登基后第一次科举考试选士科目。

[11] 万历：明神宗年号。

[12] 次揆：明代内阁次辅。

[13] 张永嘉：即张璁，明代永嘉人，正德年间进士，位至华盖殿大学士，明嘉靖时期重臣。

[14] 运会：机运。

《宋史·王文正公[1]传》曰："且专称寇准[2]，而准数短旦。帝以语旦，旦曰：'理固当然，臣在相位久，阙失必多。准对陛下无所隐，益见其忠直。此臣所以重准也。'帝以是愈贤旦。后准以武胜军节度使同平章事[3]。入谢曰：'非陛下知臣，安能至此。'帝具道旦所以荐准者，准始愧叹，以为不可及。"予曰：文正公之圣德固已，然古今来与此相类者，未尝无之。惟遇莱公[4]其人，斯不负文正之盛德，而成史册之美谈矣！苟非其人则湮没而不彰者，岂少哉！

偶因奏事，小憩内监直房[5]。见壁间有祝枝山墨刻曰[6]："喜传语者，不可与语；好议事者，不可图事。"余叹曰："此阅历之言也。"归语儿辈识之。

【注释】

[1] 王文正公：即王旦，宋代太平兴国年间进士，宋真宗时期官知枢密院。

[2] 称寇准：寇准，宋真宗时大臣，对辽国主战。称，称赞。

[3] 同平章事：宋代宰相。

[4] 寇莱公：即寇准。

[5] 内监直房：太监值班之处所。

[6] 祝枝山：祝允明，明代书法家。与唐寅、文徵明、徐祯卿并称"吴中四才子"。

明朝名器[1]之滥，始于武宗、世宗[2]。武宗宠用伶人臧贤[3]，至赐一等服。世宗加恩道士，如邵元节、陶仲文、徐可成、蒋守约等，皆赐至礼部尚书衔。又宪宗[4]时，有太常卿顾玒者，自陈显灵宫奉祀香火年久，今妻王氏病故，乞赐祭葬，竟许之。是道士之横，成化时已然矣。世宗末年，土木繁兴而期限迫急，不逾时刻。木匠徐杲以一人筹算经营，操斤指示，俄倾即出，而斫材长短大小，不爽锱铢[5]，大工两三月告竣。世宗眷注优异，加尚书衔，并赐金吾世荫，亦往事之罕见者。至唐庄宗入梁[6]，以伶人陈俊为景州刺史，王衍在蜀，以乐工严旭为蓬州刺史，尤为秕政矣[7]。

吾乡左忠毅公举乡试，谒本房[8]陈公大绶。陈勉以树立，却红枣[9]不受。谓曰："今日行事节俭，即异日做官清。不就此站定脚跟，后难措手。"呜呼，"不矜细行，终累大德。"[10]前辈之谨小慎微如此，彼后生小子，生富贵之家，染纨绔[11]之习，何足以知之？

【注释】

[1]　名器：官员名号和车服仪制。

[2]　武宗、世宗：明武宗正德皇帝、明世宗嘉靖皇帝。

[3]　伶人臧贤：戏剧、歌舞艺人。

[4]　宪宗：明宪宗成化皇帝。

[5]　不爽锱铢：丝毫没有差错。

[6]　唐庄宗入梁：后唐君王李存勖灭后梁。

[7]　稗政：混乱的政策。

[8]　本房：明清科举考试乡试、会试考官分房批阅考卷，称考官所在的那一房为本房。

[9]　红束：红色的帖子。用以介绍自己身份。

[10]　"不矜细行"句：出自《尚书·旅獒》。

[11]　纨绔：用细绢做的裤子。泛指富家子弟穿的华美衣着。后借指富家子弟。

姚端恪公曰："夫子云：'至于犬马，皆能有养；不敬，何以别乎？'[1]圣人不轻下此等语。"予曰："老而不死，是为贼。"[2]亦《论语》中所仅见者，学者当悉心理会之。

朱子曰："《口铭》曰：'病从口入，祸从口出。'"此语人人知之。且病与祸人人所恶也！而能致谨于入口出口之际者，盖寡。则能忍之难也。《书》曰："必有忍，其乃有济。"[3]武王《书铭》曰："忍之须臾，乃全汝躯。"昔人诗曰："忍过事堪喜。"忍之时义大矣哉！

"匹夫无罪，怀璧其罪。"[4]吾愿购求古玩者，深思此语。

自有书契以来，以一书贯串古今，包罗万象，未有如我朝《古今图书集成》[5]者。是书也，康熙年间，圣祖仁皇帝广命儒臣，宏开书局，搜罗经史、诸子百家，别类分门，自天象地舆，明伦博物，理学经济，以至昆虫草木之微，无不备具。诚册府之钜观[6]，为群书之渊海，历十有余年而未就。世宗宪皇帝复诏虞山蒋文肃，督率在馆诸臣，重加编校，正其伪讹，补其阙略，经三载而始厘定成书。图绘精详，考定切当。御制序文弁其首，以内府铜字联缀成版。计印六十余部，未有刻本也。比时玉蒙恩颁赐一部。雍正十年，给假南归，又赐一部。另织造送至桐城，收藏于家。其书为编有六；为典三十有二；为部六千一百有九；为卷一万；装订为五千本，汇为五百一十套，外目录二套计二十本。实古今未有之奇书！宇内读书人求一见不可得，而玉竟得两部以贻子孙，亦古今未有之幸事也！自明时有《永乐大典》[7]一书，乃姚广孝、解缙、王景等，督率一时博洽淹雅之儒，殚力编摩。书成，凡二万二千九百余卷，共一万一千九十五本，藏之秘阁。此书体例，按《洪武正韵》[8]排比成帙，以多为尚，非有剪裁厘正之功，当时即有讥其冗滥者。以《古今图书集成》较之，有霄壤之别矣！此书原贮皇史宬[9]，雍正年间，移至翰林院。予掌院事，因得寓目焉。书乃写本，字画端楷，装饰工致，纸墨皆发古香。明世宗当日酷嗜之，旒夏乙览[10]，必有数十帙在案头。一日大内火灾，世宗夜三四传旨移出，始得无恙。后命重录一部，以备不虞[11]。此见之明人记载者。

【注释】

[1] "至于犬马"句：出自《论语·为政》。

[2] "老而不死"句：出自《论语·宪问》。

[3] "必有忍"句：出自《尚书·君陈》。

[4] "匹夫无罪"句：出自《左传·桓公十年》。

[5] 《古今图书集成》：清代康熙年间陈梦雷等编修。我国现存最大的类书。

[6] 册府之钜观：册府，古代帝王藏书之地。钜观，宏伟。

[7] 《永乐大典》：我国最大的一部类书。明成祖时期由解缙主持编修而成。

[8] 《洪武正韵》：韵书名。明代洪武年间乐少凤、宋濂等编撰。

[9] 皇史宬（chéng）：明代宫廷中收藏典籍和档案的地方。宬，藏书室。

[10] 旃（zhān）夏乙览：旃夏，夏通"厦"，帝王读书之所。皇帝阅览文书称为乙览。

[11] 不虞：预料不到的事情。

胥吏[1]作奸，自古有之，然除之亦殊不易。予初为吏部侍郎时，访知有巨蠹张姓者，舞文弄法，人受其毒，呼为张老虎。其人却有为恶之才，僚属皆信用而庇护之。予出其不意，宣言于众，令所司重责递还原籍。比时颇有营救者，予不听。及归寓，则知交中致书为之解免者，接踵至矣。予答曰："既已出示，难于中止。"次日入朝，有相契数人，向予称快。曰："君竟有伏虎力耶！"又一日，在部批阅文书，司官持一文来，曰"此文内，元氏县误写先民县，当驳问该抚。"予笑曰："不必问该抚，但问汝司书吏[2]便知之。"

司官请问故，予曰："若先民写元氏，则系外省之错。今元氏写先民，不过书吏一举笔之劳，略添笔画，为需索钱财计耳！汝何不悟耶？"司官恍然，将书吏责而逐之。

明神宗时，孙公丕扬为太宰[3]。患内廷[4]要人请托，难于从违。于大选外官，立为掣签之法[5]。一时舆论以为公。而讥之者则以为铨衡重地，一吏人为之足矣，何必太宰。余曰："进退人才，果能至公至当，自无暗中摸索之理。苟不其然，则掣签亦救时之策，未可以为非。"故至今相沿不改也。

偶读明人《谷山于文定笔麈》[6]，有曰："求治不可太速；疾恶不可太严；革弊不可太尽；用人不可太骤；听言不可太轻；处己不可太峻。"予持此论久矣。不意前人已先我言之，为之一快。

【注释】

[1] 胥吏：明清官府中的小官吏。

[2] 书吏：为官员抄录文书的小官。

[3] 太宰：明清时代指吏部尚书。

[4] 内廷：宫廷之内。

[5] 掣签之法：抽签。

[6] 《谷山于文定笔麈》：明代于慎行著，书中多记录明代政事。

《周礼·大司徒》[1]："以乡八刑纠万民。"造言之刑，次于不孝不悌。古圣人之立法如此其严，而《青蝇》、"贝锦"之诗[2]，又何如之痛恨切骨也。后世风俗日漓，人心益薄，造言之人，比比皆是。诛之不可胜诛，漏网者既多，而此辈益无忌惮矣！然余五十年来，留心默识，彼语言不实之辈，一时可以欺世，而究竟飘荡终身。凤鉴书[3]所谓"到老终无结果也"。若怀私挟怨，捏造蜚语[4]，害人名节身家者，厥后[5]必有恶报。以予所见，屈指而数，未可以为天道渺茫，在可知不可知之间也。

伊川先生晚年作《易传》成[6]，门人请授梓[7]。先生曰："更俟学有所进。"呜呼！古人之虚怀若谷。今之学者，偶有著作甫脱稿，而即付剞劂[8]，亦知古贤人之用心否耶？

放翁诗曰："志士栖山恐不深，人知先已负初心。不须更说严光辈，直自巢由错到今。"此诗虽云翻案，却是确论。至今思之，许由之洗耳，子陵之共卧，未免蛇足。三复兹篇，想见此老胸中，天空海阔，气象高人数百等。若巢、许、子陵[9]有知，未必不莞尔而笑，以为实获我心也。

【注释】

[1]　《周礼》：原名《周官》。西汉末年列为经，为古文儒家重要经典。

[2]　《青蝇》、"贝锦"之诗：指《诗经·小雅·青蝇》和《诗经·小雅·巷伯》。

[3]　凤鉴书：关于相面的书。

[4]　捏造蜚语：制造谣言。

[5]　厥后：以后。

[6]　伊川先生晚年作《易传》成：指北宋大儒程颐晚年作成
　　　《周易程氏传》。

[7]　授梓：交付印刻。

[8]　剞劂（jī jué）：刻镂的工具，指雕版，刻书。

[9]　巢、许、子陵：巢、许，指巢父和许由，尧舜时代隐士，
　　　不接受尧的让位。子陵指严光，字子陵，汉代人，少年与
　　　刘秀为同窗，后隐居而不受刘秀所授予的官职。

　　魏叔子[1]曰："予少禀憨直，多效忠于人而颇自好其
文。凡书牍必录于稿。吾友彭躬庵[2]曰：'人有听言而过己
改者，子文幸传于世，则其过与之俱传。子不忍没一篇好文
字，而忍令朋友已改之过千载常新乎？'予愧服汗下，此语
与古人焚谏草[3]更自不同。"叔子集中载此一则，余展读再
过，叹服躬安之箴规，可谓忠厚之至矣！以此施于朋友之间
且不可，何况君父之前？有所敷陈，辄宣播于外，以博骨鲠
之誉，是何异几谏父母而私以语人？自诩为直，自诩为孝，
此何等肺肠耶？

　　余藏有恽香山[4]山水一幅，墨笔淡远，非近今人所及。
香山自题曰："画，贵曲，贵深，贵著笔于人所不见处；而
又有于直中见曲者，于浅处见深者，于人所最见为人之所不

能见者。石脾[5]入水即干，出水即湿。独活[6]有风不动，无风自摇。天下事不可以理求，上智乃能知道。"此数语，大有禅意。尝观古来文人墨士，未有不兼通禅学者。

孙退谷[7]宗伯《益有录》有曰："孔明读书，略得大意。陶渊明读书，不求甚解。皆其善读书处，非经生占毕[8]所能知。孔明自比管乐，谦词耳！杜少陵曰：'伯仲之间见伊吕，指挥若定失萧曹'，乃千古定论。"予向来管见如此，不意与退谷先生吻合。

【注释】

[1]　魏叔子：即魏禧，明末清初著名文学家。

[2]　彭躬安：即彭士望，明末清初人，从事经世之学，清入关后，与魏禧隐居翠微峰。

[3]　谏草：奏事的底稿。

[4]　恽香山：即恽本初，明末清初画家。

[5]　石脾：含有大量矿物质的咸水蒸发后凝结成的石状物质。

[6]　独活：草名，又名羌活、独摇草，根可入药。

[7]　孙退谷：即孙承泽，明末进士，后入仕清廷。

[8]　占毕：诵读，指经学博士不通经义，直接将竹简上的文字诵读以教给学生。

武侯[1]《诫子书》曰："君子之行：静以修身，俭以养德。非淡泊无以明志，非宁静无以致远。夫学须静也，才须学也。非学无以广才，非静无以成学。怠慢则不能研精，险躁则不能理性。"[2]予尝以"静"字训子弟，今再益以"静以修身，学须静也"二语。其中义蕴[3]精微，非大有识见人不能领会。

柳诚悬[4]性晓音律，不好奏乐。人问之，答曰："闻乐令人骄怠。"此一语耐人千日思。

东坡精于禅理，为古今文人之所罕见。即如《赤壁赋》有云："逝者如斯，而未尝往也；盈虚者如彼，而卒莫消长也。"此二句，释迦牟尼佛见之，亦应莞尔而笑。下文云："自其变者而观之""自其不变者而观之"，此则文人语气，佛家所不道。

贾长沙[5]一生学问经济[6]，具载《治安策》中。而太史公作传，只载其《吊屈原》《伤鹏鸟》二赋。古人用意当细思之，不可忽过。至于贾生之为人，则东坡所谓"志大而量小，才有余而识不足"数语尽之矣。

【注释】

[1]　武侯：三国时期诸葛亮，死后谥为忠武侯，后世称为武侯。

[2]　理性：在此指调理性情。

[3]　义蕴：指蕴含的道理。

[4]　柳诚悬：即柳公权，唐代书法家。

[5]　贾长沙：即贾谊，后谪为长江王太傅，世称"贾长沙"。汉代政治家、思想家。

[6]　学问经济：经世致用之学。

今人于旧人著作，往往好为指摘[1]，以自夸其学问，其意盖欲求名也！不知指摘不当，转贻后人指摘之柄。似此者甚多，是求名而适以败名矣！又如注解古人之书，往往于不能解者强解之，究非古人之本意。夫子云："多闻阙疑。"[2]奈何不以为法哉！

友人云："君相造命[3]，此战国游说之士欺人语耳！富贵穷通，升沉得失，皆天为之，君相何能为哉！"予笑曰："天又何能为哉！"

偶与僚友闲谈，佥[4]曰："刻薄人不可为刑官。"余曰："固[5]也。聪明人亦不可为刑官。"众徐思之以为然。

【注释】

[1]　指摘：指挑古人书中的差错。

[2]　"多闻阙疑"句：出自《论语·为政》："多闻阙疑，慎言其余，则寡尤。"指把疑难问题留着暂时不做判断。

[3]　造命：主宰命运。

[4]　佥（qiān）：皆、都。

[5]　固：的确、确实。

孟子曰："予岂好辩哉！予不得已也。"[1]吾人必深知孟子不得已之苦衷，方可以读《孟子》。不然，则书中可疑可议者，不可胜数矣。

坡公^[2]《与滕达道书》曰："近得筠州舍弟书，教以省事。若能省之又省，使终日无一语一事，则其中自有至乐，殆不可名。"坡公此意，予深知之，而无知所处之境不能行耳，言之惘然。

坡公《迩英进读故事八说》，其一则"张九龄不肯用张守珪、牛仙客"^[3]事，古今来有执政之责者，不可不深思之。

【注释】

[1]　"予岂好辩哉"句：出自《孟子·滕文公下》。

[2]　坡公：苏东坡（苏轼）。

[3]　张九龄不肯用张守珪、牛仙客：指唐玄宗时期大臣张九龄因不任用李林甫推荐的张守珪、牛仙客而被唐玄宗罢官。

明王弇州^[1]纪父子得谥者，以为盛世；而三世得之，尤为仅见。惟余姚孙氏，第一世副都御使^[2]，赠礼部尚书，谥忠烈（燧）。第二世南京礼部尚书^[3]，赠太子少保，谥文恪（升）。第三世吏部尚书^[4]，赠太子太保，谥清简。有明三百年，仅此一家耳！

明弘治^[5]时，庶吉士薛格阁试^[6]《中秋不见月》诗，考居第一。中一联云："关山有恨空闻笛，乌雀无声倦倚楼。"一时传诵之，予亦爱其有逸致也。

苏子由[7]曰："唐人工于为诗，而陋于闻道。孟郊耿介之士，虽天地之大，无以容其身，卒穷以死。李翱[8]、韩退之皆极称之。甚矣！唐人之不闻道也。"朱考亭曰："李长吉诗巧。"二公之论若此，世之善学诗者，不可不知。

李义山[9]《马嵬驿》诗，古今来脍炙人口，余亦极爱之。但记二十余岁时，读结句："如何四纪为天子，不及卢家有莫愁。"微有不慊[10]于心，以为未免强弩之末，然未敢轻以语人也！及老年见胡苕溪[11]《诗话》以二语为浅近。不觉掩卷而笑，命儿辈识之。

【注释】

[1] 王弇（yǎn）州：即王世贞，明代嘉靖年间进士，曾任南京刑部尚书；文学家。

[2] 第一世副都御使：即孙燧，明代弘治年间进士。历任刑部主事、河西右布政、右副都御使。

[3] 第二世南京礼部尚书：指孙升，孙燧之子，明代嘉靖年间进士。

[4] 第三世吏部尚书：指孙鑨，孙升之子，明代嘉靖年间进士。

[5] 弘治：明孝宗朱祐樘年号。

[6] 阁试：明代翰林院对庶吉士的考试。

[7] 苏子由：即苏辙，字子由，北宋大文学家。

[8] 李翱：字习之。唐代文学家。

[9] 李义山：即李商隐，唐代大诗人。

[10]　慊（qiè）：满足。

[11]　胡苕溪：即胡仔，宋代人。曾任知县，后隐居。

　　沈佺期[1]诗："岭外无寒食，春来不见饧[2]。"刘梦得[3]云："为诗用僻字须有来处，'春来不见饧'，尝疑'饧'字，因读《毛诗·郑笺》说吹箫云：'即今卖饧人家物。'《六经》惟此注中有'饧'字。后辈业诗，即须有据，不可学常人率尔而道也。"

　　《桐江诗话》："秦少游[4]《咏牵牛花》诗曰：'银汉初移漏欲残，步虚人倚玉栏杆。仙衣染得天边碧，乞与人间向晓看。'此少游汝南作教官时，于程文通会间席上所赋，真佳作也。咏物诗有澹永之味，不即不离，所以为佳。"曹松[5]诗曰："泽国江山入战图，生民何计落樵渔。凭君莫话封侯事，一将功成万骨枯。"刘贡父[6]诗曰："自古边功缘底事，多因嬖倖欲封侯。不如直与黄金印，惜取沙场万髑髅[7]。"曹刘二诗，相为表里，读之而不动心者，非人情也。刘诗所云，古多有之，当以为儆戒。

　　黄山谷《题李伯时画〈严子陵钓滩〉诗》曰："平生久要刘文叔，不肯为渠作三公。能令汉家重九鼎，桐江波上一丝风。"任天社云："'能令汉家重九鼎'，本汲黯[8]曰'夫以大将军有揖客，反不重耶'，此句盖用此意也。东汉多名节之士，赖以久存。迹其本原，政在子陵钓竿上来耳。"

【注释】

[1]　沈佺期：字云卿。唐代诗人。

[2]　饧（xíng）：麦芽或谷芽熬制的饴糖。

[3]　刘梦得：刘禹锡，字梦得。唐代政治家、文学家、诗人。

[4]　秦少游：宋代词人秦观。

[5]　曹松：唐代诗人。

[6]　刘贡父：即刘攽，北宋史学家，与司马光同修《资治通鉴》。

[7]　髑（dú）髅：骷髅。

[8]　汲黯：西汉景帝、武帝时期大臣。

　　邵康节诗曰："静处乾坤大，闲中日月长。""闲中日月长"人所知也，"静处乾坤大"则人或未知也。予一生好静，于此中颇有领会。奈此身牵[1]于职守，日在红尘扰攘中。常为设想曰："若能改'静处'为'闹处'，则有进步矣！"惜乎其不能也。

　　明永乐时，清江俞行之[2]有能诗名，其《题清慎勤》句有曰："夜门无客敢怀金，秋屋有情甘饮水。"一时传诵之，惜其不多见。

　　韦苏州[3]《滁州西涧》诗曰："春潮带雨晚来急，野渡无人舟自横。"寇莱公《春日登楼怀归》诗曰："野水无人渡，孤舟尽日横。"是化七言一句为五言两句也。当捉笔时，或有意耶，抑无意耶！不能起古人而问之矣。

【注释】

[1]　牵：指牵制、牵绊。

[2]　俞行之：字文辅，江西清江人，明代著名书法家。

[3]　韦苏州：即韦应物，唐代诗人。

司马温公[1]曰：“受人恩而不忍负者，其为子必孝，为臣必忠。”又曰：“言不可不重也。夫钟鼓叩之而后鸣，铿訇镗鎝[2]，人不以为异；若不叩自鸣，人孰不谓之妖耶？可以言而不言，犹之叩而不鸣也，亦为废钟鼓矣！”又《无为赞》曰：“治心以正，保躬以静；进退有义，得失有命；守道在己，功成在天。夫复何为？莫非自然？”此数则皆格言中之浅近可行者，当书之座右。惟是“受人恩而不忍负”一语，其中正自有道。当受恩之时，必审视其人，可受而后受之；若不可受而亦受，而时存不忍负之心，必至牵缠局蹐，身败名裂，载胥及溺[3]，不可不慎也。

温公曰：“人情苦厌其所有，羡其所不可得。未得则羡，已得则厌。厌而求新，则为恶无不至矣。”涑水此训，何切中人情至于此耶！

乾隆十一年四月，楚抚题报[4]：江夏县民汤云山，现享年一百四十岁。圣心嘉悦，于定例赏赐外，加赏帑金、文绮。又特赐“再阅古稀”四字，命尚书汪由敦书匾额，以旌人瑞[5]。诚史册罕闻之盛事也！

【注释】

[1] 司马温公：即司马光，山西夏县涑水人，又称涑水。北宋名臣，史学家，编著《资治通鉴》。

[2] 铿訇镗鞳：拟声词，形容钟鼓并作的声音。

[3] 载胥及溺：出自《诗经·大雅·桑柔》，指相继沉没。

[4] 楚抚题报：湖北巡抚奏报。

[5] 人瑞：人间的吉祥之兆，亦称有德行的人或年寿特高者。

　　明人言方正学[1]之忠至矣！独惜其不死于金川，不守之初，宫中自焚之际，与周是修[2]为伍，斯忠成而不累其族也。余曰：此论固在情理中。然十族之祸，乃劫数使然，岂正学所能计及，人力所能趋避哉？

　　有客问予曰："士大夫好言学问、经济，而往往失之偏，其为患孰甚？"予曰：学问失之偏，不过一胶柱鼓瑟[3]之人耳，其患在一己；若经济失之偏，苟得志，则民生吏治皆受其病，为患甚大，不可同日语也。然经济之偏，亦自学问之失来。

　　明人记载有曰：宪宗皇帝玉音微吃[4]，而临朝宣旨，则琅琅然如贯珠。后来许文穆国[5]头岑岑摇，遇进讲承旨，则屹然不动，出即复然。君相皆有异禀，非常理可测也！

　　方正学《题严子陵》诗曰："敬贤当远色，治国须齐家。如何废郭后，宠此阴丽华。糟糠之妻尚如此，贫贱之交奚足倚？羊裘[6]老子早见机，独向桐江钓烟水。"此诗思致绵邈，音节浏亮，乃吊古篇中之最佳者。

明时廷杖言官，实属秕政，至有毙于阙下[7]者，尤为残虐。其时直言敢谏之士，冒死陈词，三木囊头[8]，填尸牢户，亦所不恤，何有于杖？然其中矫伪立名者，忠爱本不出于至诚。或极论细故，或纷争门户，以致激怒受杖，而末流遂有以此为荣者。只以好名一念动于中，一二人倡之，因相习为固，然此最人心风俗之害。夫朝有直臣，奋扬风采，遇事敢言，至于亏体受辱，原非盛朝美事。若卖直沽名，戕父母之遗体，成国家之虐政，忠孝大节，两有所损。圣人所称"杀身成仁者"，固如是乎？

【注释】

[1]　方正学：即方孝孺，明初儒学家，为建文帝时期重臣，后被明成祖诛灭十族。

[2]　周是修：明代建文帝时期大臣，明成祖攻入南京时，他自尽尽忠。

[3]　胶柱鼓瑟：用胶把柱粘住以后奏琴，柱不能移动，就无法调弦。比喻固执拘泥不知变通。

[4]　玉音微吃：玉音，帝王的言语。微吃，有点口吃。

[5]　许文穆国：许国，明代嘉靖年间进士，万历时官至吏部尚书兼任东阁大学士。

[6]　羊裘：汉代严光在其同窗刘秀成为皇帝时，隐居不仕，披羊裘在湖边垂钓，后用此称指隐士。

[7]　阙下：宫阙之下。

[8]　三木囊头：酷刑。三木，古代加在颈、手、足上的刑具。
囊头，以物蒙盖头部。

卷 四

明万历朝，张江陵[1]当国时，迎其母赵太夫人入京。将渡黄河，先忧之，私谓奴婢曰："如此洪流，得无艰于涉乎？"语传于外，其诇[2]察者已报守土官[3]。复禀曰："过河尚未有期，临时当再报。"既而寂然。渐近都下，太夫人问："何不渡河？"其下对曰："赐问不数日，即过黄河矣！"盖预于河之南北，以舟相钩连，填土于上，插柳于两旁，舟行其间如陂塘，然太夫人不知也。其声势赫赫类如此。又相传江陵教子甚严，不特督抚及边帅不许通书问，即京师要津，亦不敢往还者。其家人子[4]尤楚滨最用事。有一都给事李选，云南人，江陵所取士也。娶楚滨之妾妹为侧室，因而修僚婿[5]之礼。一日江陵知之，呼楚滨，挞之数十，斥给事不许再见。告冢宰出之外为江西参政。江陵当震主时，而顾惜名义乃尔。予故并录之，使知瑕瑜不相掩也。

【注释】

[1] 张江陵：明代万历时内阁首辅张居正，湖北江陵人，故称。

[2] 诇（xiòng）：侦探。

[3]　守土官：地方官。

[4]　家人子：指张居正的管家。

[5]　僚婿：连襟，姊妹的丈夫的互称。

　　萧琛[1]与梁武帝有旧，仕梁为尚书侍中。一日，预御
筵[2]，醉伏几上。帝以枣[3]投琛，琛取栗掷上，正中面，御
史在坐。帝动色曰："此中有人，不得如此！"不得如此，
岂有说耶？琛曰："陛下投臣以赤心，臣报陛下以战栗。"
此事见之《梁书》。语虽诙谐，然识之亦可为清谈之助。

　　《开元遗事》[4]载唐明皇在便殿，甚思姚崇[5]论时务。
七月十五日，苦雨不止，泥泞盈尺。上令待制[6]者抬步辇召
学士来。时姚崇为翰长[7]，中外荣之。

　　元主语王恂[8]以守心之道。恂曰："尝闻许衡言人心犹
印版。然版本不差，虽摹千万纸，皆不差；本既差矣，摹之
于纸，无不差。"元主曰："善！"

　　柳公权有数十银杯，贮之笥中，为奴海鸥儿所窃。柳问
之，海鸥云："不测其所亡。"柳笑曰："银杯羽化[9]耳！"

　　荀子曰："下臣事君以货；中臣事君以身；上臣事君
以人。"

【注释】

[1]　萧琛：梁武帝故交，官至平西长史、江夏太守。

[2]　预御筵：预，参与。御筵，皇帝办的酒席。

[3]　枣：同"枣"。

[4]　《开元遗事》：五代王仁裕撰，书中记载唐玄宗（唐明皇）时期的事情。

[5]　姚崇：唐玄宗时期宰相。

[6]　待制：等待诏命。

[7]　翰长：翰林院主事者。

[8]　元主语王恂：元主，元世祖忽必烈。王恂，精通历法，元世祖命其为太子赞善，后与郭守敬定《授时历》。

[9]　羽化：飞升成仙。

唐中宗[1]尝召宰相苏瓌[2]、李峤子进见。二子皆童年，上近抚摩之，语二子曰："尔自忆所读书可奏者，为吾言之。"瓌子应曰："木从绳则正，后从谏则圣[3]。"峤子曰："斫朝涉之胫，剖贤人之心[4]。"上曰："苏瓌有子，李峤无儿。"此见之《松窗杂录》[5]者。由今观之，二子之优劣，相去霄壤矣。

《万历野获编》曰："今天下赌博盛行，其始失货财，甚则鬻田宅，又甚则为穿窬[6]，浸成大伙劫贼。盖因本朝法轻，愚民易犯。宋时淳化[7]二年闰二月，太宗下令开封府，凡坊市有赌博者，俱处斩。邻比匿不闻者，同罪。此法至善。盖人情畏死，自然止息。洪武[8]二十二年奉旨：学唱的割舌头；下棋、打双陆的断手；蹴圆的卸脚，犯者必如法施行。今赌博者，亦当加以肉刑，如太祖初制，解其腕可也。"

赌博之为害，不可悉数，故前人恨之切骨，非好为此过激之论也。先公于赌具中最恶马吊[9]，谓其有巧思，聪明之人一入其中，即迷惑而不知返也。曾刻一印章，曰："马吊淫巧，众恶之门；纸牌入手，非吾子孙。"时先公官京师，玉居里门，命于写家禀时，用此印章于楮尾，触目警心。玉谨受教，终身未尝习此。今年七十有五矣，吾知免，夫愿吾子孙共守之也。

【注释】

[1]　唐中宗：唐高宗之子李显。武则天后，他即位，恢复唐国号。

[2]　瓌（guī）：同"瑰"。

[3]　"木从绳则则正"句：出自《尚书·说命上》。

[4]　"斫朝涉之胫"句：出自《尚书·秦誓下》。

[5]　《松窗杂录》：唐代李浚撰，主要记录唐玄宗时候事情。

[6]　穿窬（yú）：翻墙，指盗贼。

[7]　淳化：宋太宗年号。

[8]　洪武：明太祖年号。

[9]　马吊：一种赌具。因其局有四门，如马有四足，故称。

前明典史、驿丞[1]等俱准与乡会试。宣德八年[2]癸丑，曹鼐以太和典史登状元。正统四年[3]己未五十九名李郁，则系江西丰城县承差。成化十四年[4]戊戌一百五十三名谭襄，则山东东阿县驿丞。正统壬戌^[5]一百二十一名郑温，则直隶松陵驿驿丞。皆见《野获编》。

东坡《与兄子明书》曰："老兄嫂团坐火炉头^[6]，环列儿女。坟墓咫尺，亲眷满目，便是人间第一等好事。更何所羡？"又曰："吾兄弟俱老，当以时自娱。世事万端，皆不足介意。所谓自娱，亦非世俗之乐，但胸中廓然无一物，即天壤之间，山川、草木、虫鱼之类，皆足供吾家乐事也。"读苏公此数语，觉家庭友爱至情，溢于笔墨间。然非至诚质朴，浑然天理，不能知此乐，亦不能为此言也！

吾乡左忠毅公^[7]，以忠直遭魏阉之祸^[8]，被逮入都。路过山东峄县，县有隐士米季子，相传有前知之学。左公弟^[9]潜往访之。米季子望见怃然曰："汝兄可怜，杨二哥大洪也可怜。"徐屏人^[10]语曰："汝兄忠孝，不宜死非命。然得罪权臣，死不救矣！"又问："同难数人，有一免否？"曰："个个不免！"后果不爽^[11]。

【注释】

[1]　典史、驿丞：典史，明代知县的属官。驿丞，各地主管邮政的小官。

[2]　宣德八年：宣德，明宣宗时期年号，1433 年。

[3]　正统四年：正统，明英宗时期年号，1439 年。

[4]　成化十四年：成化，明宪宗时期年号，1478 年。

[5]　正统壬戌：正统，明英宗时期年号，1442 年。

[6]　垆头：安放酒瓮的土台。

[7]　左忠毅公：左光斗，万历年间进士、大臣，后为魏忠贤所害。

[8]　魏阉之祸：指明末天启年间宦官魏忠贤秉持朝政，残害忠良。

[9]　左公弟：左光先，左光斗的弟弟，明天启年间举人，清入关后隐居。

[10]　屏人：让别人回避。

[11]　不爽：无差错。

明万历甲辰[1]科，山阴朱大学士赓[2]主会试，首题《不知命》一章。入闱时，朱与同人曰："此题必三段，平做不失题貌，方可抡元[3]。若违式，即佳卷亦难前列。"同人皆以为然。既揭晓，则元卷[4]殊不然。有人乘间问之："公遴选榜首，何以竟违初意？"朱惊起取卷读之，叹曰："我翻阅时，竟不觉也。"由此观之，可知功名有定数。体物不可遗者，鬼神也。为主司者，欲定一文章体式而不能自主，况取舍高下之间乎？予屡司衡文之柄，闱中情事往往如此，益信朱公之事不谬也。

我朝自世祖章皇帝甲申定鼎燕京[5]，迄于今一百有三年矣。汉人之为大学士者，几四十人。其间居官之久暂不一。或数年，或数十年。如先文端公则三年耳。其中最久者，无如高阳李公[6]，在任二十七年，其次则廷玉。于雍正三年乙巳七月，蒙恩入政府，屈指今岁丙寅，二十二年矣。自知才识短浅，不能有所建树，而承乏最久，竟居高阳之次。今年七十有五，衰颓日甚，益不能支，屡次陈情，未蒙俞允[7]。其惟惭惶愧悚，岂笔墨所能宣述万一耶！

【注释】

[1]　万历甲辰：明神宗时期，即 1604 年。

[2]　朱大学士赓：朱赓，隆庆年间进士。万历后期独当国政，朝政废弛。

[3]　抢元：夺魁。

[4]　元卷：科举考试获得第一名的卷子。

[5]　世祖章皇帝甲申定鼎燕京：指顺治皇帝 1644 年入主北京。

[6]　高阳李公：即李霨，顺治年间进士，官至户部尚书、保和殿大学士。

[7]　俞允：即允诺，多用于君主。

张江陵在位时，有人赠对联曰："上相太师，一德辅三朝，功光日月；状元榜眼，二难登两第，学冠天人。"江陵欣然悬之厅事。先是徐华亭[1]罢相归，其堂联云："庭训尚存，老去敢忘佩服；国恩未报，归来犹抱惭惶。"又叶福清[2]堂联曰："但将药裹供衰病，未有涓埃答圣朝。"此皆二公自题，觉谦抑之风可想也。

荆州公安县人刘珠，故与张江陵封翁[3]同为诸生，相友善。江陵主会试，刘始登第，则年已古稀矣。江陵庆五旬，刘祝以诗，中一联曰："欲知座主山齐寿，但看门生雪满头。"江陵为一解颐。

明万历时，京师正阳门楼毁于火。内监与工部议重建。内监屈指云："当用银十三万。"营缮司郎中张嘉言怒曰："此楼在民间，当费三千金。今天家举事，不可同众，不过加倍六千金耳。"诸大珰[5]忿极，欲奋拳殴之，时监督科道在列，无一字剖析。次年大计，张竟以不谨被斥。后箭楼成，报销银三万两。盖明时工程之浮冒，动辄数十倍，尽归貂珰之私囊，而朝臣无有敢言者。今观近京诸处，前明内监平日不著名者，亦造一坟建一寺，穷极壮丽。或费数万金，或十数万金，过于公侯家。自非侵冒国帑，剥削民膏，何以饶与赀财若此哉？

【注释】

[1]　徐华亭：即徐阶，嘉靖年间进士，官至内阁首辅。

[2]　叶福清：即叶向高，万历年间进士，官至礼部尚书、东阁大学士。

[3]　封翁：因儿子显贵而受到封号。指张居正的父亲。

[4]　大珰（dāng）：大宦官。珰，本为古代妇女戴在耳垂上的装饰品，汉代宦官饰于帽子，后借指宦官。

明怀宗[1]在位十七年，所用大学士至五十人之多。诚所谓"昔者所进，今日不知。其亡国事"[2]尚可问哉？

魏怀溪[3]先生曰："有不可知之天道，无不可知之人事。"吾人能体会此二语，为圣为贤不难矣！

朱文公[4]《与徐赓载书》曰："放翁诗，读之爽然，近代惟见此人为有诗人之风致。如此篇，初不见其著意用力处，而语意超然，自是不凡。近报又已去国，不知所坐何事？恐只是不合做此好诗，罚令不得做好官也！"放翁诗为考亭所推重如此，予常读考亭诗，大雅从容温柔敦厚，不事雕饰，蕴藉天然，字字从性情中来，是以与放翁有水乳之合。世人但知陆诗之妙，而不知朱诗之妙，岂非所谓"逸少[5]文章字掩将"耶！

荆州张江陵故宅，有人题诗云："恩怨尽时方论定，封疆危日见才难。"此语论江陵最为切当，惜不传其姓氏。

【注释】

[1]　明怀宗：明代崇祯皇帝朱由检，在位十七年，明灭亡。

[2]　"昔者所进"句：出自《孟子·梁惠王章句下》："昔者所进，今日不知其之也"。

[3]　魏怀溪：即魏象枢，清代康熙年间大臣，官至刑部尚书。

[4]　朱文公：南宋大儒朱熹。

[5]　逸少：王羲之，字逸少。

《书》曰："政贵有恒[1]。"昔人云："利不什不变法；害不什不易制[2]。"此有恒之说也。予幼时读张君曾裕《居之无倦制艺》有曰："古今无甚全之利，持之数十年而不变，即为苍生之福矣！古今亦无甚速之害，行之不数年而即变，即为黎庶之忧矣。"此数语可为"有恒"注解。尝读《李文靖[3]传》，公尝言："某居重位，实无补万一。独中外所陈利害，一切报罢之，惟此少以报国耳。朝廷防制纤悉备具，或徇所请施行一事，即所伤多矣。"文靖此言乃名臣不磨之论。予蒙恩备员政府二十三年矣，不敢轻议更张一事。盖国家立一政，凡几经区划而后定为章程。若再行之一二十年，则人情已便，但觉其相安，不见其烦苦矣！此"不愆不忘，率由旧章"[4]，所以垂训于千古也。彼才高意广者，往往矜奇立异，以为建白。万一见诸施行，其中种种阂碍，不可枚举。或数年而报罢，或十数年而报罢。其未罢之先，闾阎[5]之受其累不少矣，可不慎哉！

明孝宗时，刘忠宣公大夏[6]为兵部尚书。戴恭简公珊[7]为左都御史。一日奏对毕，上令中使[7]出白金二筐以赐，且面谕曰："卿等将去买茶果用。朕闻朝觐日，文官避嫌，有闭户不与人接者。如卿等虽开门延客，谁复有以贿赂通也。朕知卿等故有是赐。"且命不必朝谢，恐公卿知之，未免各怀愧耻也。玉蒙世宗皇帝擢用正卿，旋登政府。十数年间，六赐帑金。每赐辄以万计。历稽史册，大臣拜赐未有如此之优渥者，玉惶恐恳辞。上谕云："汝父清白传家，中外所知。汝遵守家训，屏绝馈遗。今侍朕左右，夙夜在公，何暇计及家事。朕不忍令汝以珠桂[9]萦心也。此一辞大非君臣一体之谊矣！"玉遂不敢再渎。

【注释】

[1]　政贵有恒：出自《尚书·毕命》。

[2]　"利不什"句：什，十倍。大意是如果不能带来更多的利益，就不要变法，如果没有十足的危害，就不必改制。

[3]　李文靖：宋代名臣李沆，谥文靖。

[4]　"不愆不忘"句：出自《诗经·大雅·假乐》。

[5]　闾阎：里巷的门，泛指民间。

[6]　刘忠宣公大夏：刘大夏，明中期名臣。官至兵部尚书。

[7]　戴恭简公珊：戴珊，字建珍，谥文简，明中期名臣。官至左都御使。

[8]　中使：宦官。

[9]　珍桂：米如珠，薪（柴禾）如桂，极言物价上涨。

渊明《责子》诗曰："白发被两鬓，肌肤不复实。虽有五男儿，总不好纸笔。阿舒已二八，懒惰固无匹。阿宣行志学，而不爱文术。雍端年十三，不识六与七。通子垂九龄，但觅梨与栗。天运苟如此，且尽杯中物。"杜子美《遣兴》诗曰："陶潜避俗翁，未必能达道。观其著诗篇，颇亦恨枯槁。达士岂自足，默识盖不早。有子贤与愚，何其挂怀抱。"子美之贬渊明，盖正论也。独山谷[1]云："观渊明此诗，想见其人慈祥戏谑可观也。俗人便谓渊明诸子皆不肖，而渊明以愁叹见于诗耳。"余谓山谷此言得乎情理之正。渊明襟怀旷达，高出尘壒[2]之表。大抵诸郎皆中人之资，期望甚切，稍不满意，遂作贬词耳。况雍端年甫十三，通子方九龄，过庭之训[3]尚浅，未可遽以不肖目之也。

东坡云："世传桃源事，多过其实。渊明所记，止言先世避秦乱来此，则渔人所见非秦人不死者也。"坡公此论甚确。余观古今来，前人偶为新奇之说，后人往往乐为附会，如身亲见之者，正复不少。东坡著眼全在"先世"二字，予细味《记》[4]曰："先世避秦时乱，率妻子邑人来此绝境，不复出焉。"所谓"邑人者"皆是隐者流。或十数家，或数十家，同心肥遁[5]，长子孙于其中。日渐蕃衍，遂为世业。若谓同避乱之人皆不死，一时安得许多神仙耶？

王荆公[6]《钟山官床与客夜坐》诗曰："残生伤性老耽书，年少东来复起予。各据槁梧同不寐，偶然闻雨落阶除。"苏东坡《宿余杭山寺》诗曰："暮鼓朝钟自击撞，闭门欹枕对残缸。白灰旋拨通红火，卧对萧萧雪打窗。"《冷斋夜话》[7]云："山谷尝言：'天下清景，初不择贵贱、贤愚而与之。吾特疑端为我辈设。'观荆公《钟山夜坐》诗与东坡《宿余杭山寺》诗，则山谷之言为确论也。"余谓天下清景，无在不有，但能领会，则似专为我辈设矣！此从道义中来，不可强也。

【注释】

[1]　山谷：指黄庭坚，北宋文学家。

[2]　壒（ài）：尘埃。

[3]　过庭之训：孔鲤过庭，孔子教诲之。

[4]　《记》：指《桃花源记》，晋陶渊明所作。

[5]　肥遁：隐居。

[6]　王荆公：北宋名臣王安石，北宋神宗时主持变法。

[7]　《冷斋夜话》：宋代释惠洪作。书中记录其见闻和诗论。

　　明朱忠壮公之冯[1]，字乐三，大兴人。平日以理学自砺，官至宣府巡抚。李自成陷大同，以身殉国。其所著《在疢记》一卷，语多精义。新成王公，采数条载《池北偶谈》中，余见而服膺，因手录于左："鸢飞戾天，鱼跃于渊，即是仕止久速。""古之人修身见于世，非诚不能。诚则贯微，显通天人。一世不尽见，百世必有见者。""圣人之死，还之太虚，贤人即不能无物，而况众人乎？""实变气质，方是修身。""士憎兹多口，则何以故？曰：持介行者不周世缘[2]，务独立者不协众志。小人相仇，同类相忌。一人扇谤，百人吠声。予尝身试其苦者，数矣！故君子观人，则众恶必察，自修惟正己而不求于人。待小人尤宜宽，乃君子之有容。不然，反欲小人容我哉？""中者不落一物，庸者不遗一物。""随事无私，皆可尽性至命，而忠孝其大者。""平日操持非实试之当境，决难自信。""隐恶扬善，圣人也；好善恶恶，贤人也；分别善恶无当者，庸人也；颠倒善恶，以快其谗谤者，小人也。""赴大机者速断，成大功者善藏。""同时中庸，而君子小人之别，微矣哉！"

予少时，夜卧难于成寐，既寐之后，一闻声息即醒。先兄宫詹公[3]授以引睡之法：背读上《论语》数页或十数页，使心有所寄。予试之果然。后推广其意，诵渊明诗"采菊东篱下，悠然见南山"；或钱考工[4]诗"曲终人不见，江上数峰青"；或陆放翁诗"小楼一夜听春雨，深巷明朝卖杏花"，皆古人潇洒闲适之句。神游其境，往往睡去。盖心不可有著，又不可一无所著也，理固如此！

【注释】

[1]　明朱忠壮公之冯：朱之冯，明代天启年间进士。崇祯时为宣府巡抚，后李自成攻打宣府，因官兵迎降，朱之冯自缢。

[2]　持介行者不周世缘：介行，孤高的操守。不周世缘，不合俗缘。

[3]　先兄宫詹公：指张英长子、张廷玉的兄长张廷瓒。

[4]　钱考工：即钱起，字仲文，唐代诗人，为大历十才子之一。

明华亭[1]县有民某，其母再醮[2]，生一子。及母死，二子争葬，质之官。知县某判其状曰："生前再醮，终无恋子之心。死后归坟，难见先夫之面。"令后子收葬。此邑令判事固当，而判语亦复修饰可诵。

苏门孙徵君奇逢[3]《孝友堂家规》曰："迩来士大夫，绝不讲家规身范，故子孙鲜克由礼[4]。不旋踵而辱身丧家者，多矣！祖父不能对子孙，子孙不能对祖父，皆其身多惭德者也。家中之老老幼幼，夫夫妇妇，各无惭德，此便是羲皇世界[5]。孝友为政，政孰有大焉者乎？"徵君遭患难时，语门人曰："忧患恐惧，最怕有所，一有所，则我心无主。古来忠臣、孝子、义士、悌弟，只是能自作主张，学者正在此处著力。"此二则皆治家持身格言。

各省督学之官[6]，最难称职。而在人文繁盛之省，则难之又难。盖胥吏弊窦孔多[7]，人情爱憎不一，而又历三年之久。偶或检点不到，则谤议随之，而众口传播矣。予三弟廷璐为翰林时，奉命督学河南，以生员阻挠公事，约束不严罢斥。后蒙世宗皇帝鉴其诚朴，宥过特用。且畀[8]以江苏最繁剧之任，三年报满，有公明之誉。蒙恩嘉奖，再留三年。又在任称职，屡迁至少宗伯。今上即位，又留三年，前后三任，共九年矣。乃向来所无之事。阅二年，江苏又缺员，上仍欲命廷璐往。玉再四恳辞，遂命六弟廷璿往。是兄弟二人，四任此官，诚异数也。

【注释】

[1]　华亭县：今上海松江区。

[2]　再醮（jiào）：再嫁。醮，古时冠礼、婚礼仪式。

[3]　苏门孙徵君奇逢：孙奇逢，清代初期大儒，隐居不仕。

[4]　鲜克由礼：很少能遵从礼制。

[5]　羲皇世界：上古伏羲时代的世界，民风淳朴。

[6]　督学之官：明清时代的学政。负责各省的教育和科举考试。

[7]　弊窦孔多：漏洞繁多。

[8]　畀（bì）：给予。

　　王荆公诗云："细数落花因坐久，缓寻芳草得归迟。"欧阳公[1]诗云："静爱竹时来野寺，独寻春偶过溪桥。"昔人曰："二公皆状闲适之趣，荆公之句为工。"信然。

　　明刁蒙吉包[2]祁州人，隐居讲学。有格言曰："为盖世豪杰易，为慊心[3]圣贤难。"又曰："《易》言'趋吉避凶'，盖言趋正避邪也。若认作趋福避祸便误。"此二语，当终身诵之。

　　明夏忠靖原吉与蹇忠定义[4]同饮于所契家。归，值雪。过禁门，有不欲下马者，曰："雪寒甚！"公曰："君子不以冥冥惰行。"公之盛德，虽缘事纳忠，而其本则在此敬慎耳！《说郛》[5]所载如此。犹记吾弟廷璪，昔年往祭陵寝，先期数日，途次风雪大作。同人欲沽酒以御寒。弟以未曾行礼，力持不可。同人颇以为迂。然弟生平之不欺暗室[6]，大率类此，可为子孙法也。

【注释】

[1]　欧阳公：欧阳修，北宋政治家、文学家。

[2]　明刁蒙吉包：刁包，字蒙吉。明代天启年间举人，清入关后，隐居不出仕途。

[3]　慊心：满意。

[4]　明夏忠靖原吉与蹇忠定义：夏原吉，明代洪武年间大臣，官至户部尚书，谥忠靖。蹇义，明代洪武年间进士，官至中书舍人，历仕五朝，谥忠定。

[5]　《说郛》：明代陶宗仪辑录，共百卷，收录秦汉至元明作品，包罗万象。

[6]　不欺暗室：不做亏心事。

　　黄山谷曰："诗不可凿空强作，待境而生，便自工耳。"此至言也！

　　陈抟曰："优游之所，勿久恋；得志之地，勿再往。"此二语愈思愈有味。

　　邵子曰[1]："《复》次《剥》，明治生于乱乎？《姤》次《夬》，明乱生于治乎？时哉！时哉！未有剥而不复，未有夬而不姤者。防乎其防，邦家其长，子孙其昌，是以圣人贵未然之防。"

　　富弼[2]字彦国，少有骂者如不闻。人曰："骂汝！"彦国曰："恐骂他人。"又曰："呼姓名而骂，岂骂他人？"彦国曰："天下岂无同姓名者乎？"告者大惭。

陆象山[3]曰："名利如锦覆陷阱，使人贪而入其中，安有出头日子？"

魏柏乡[4]相国《希贤录》曰："罗洪先作鼎元[5]时，外舅韩太朴趋告曰：'喜吾婿干此大事！'罗面发赤，徐对曰：'丈夫事业更有许大[6]在，此等三年一人，奚足为大事也！'"

【注释】

[1]　"邵子曰"句：《复》《剥》《姤》《夬》，皆《周易》卦名。姤（gòu），相遇。夬（guài），分决。

[2]　富弼：北宋名臣。

[3]　陆象山：即陆九渊，宋代心学的开创者。

[4]　魏柏乡：即魏裔介，清代顺治年间进士。官至保和殿大学士。

[5]　罗洪先作鼎元：罗洪先，明代嘉靖年间进士，擅长阳明之学。鼎元，科举考试考中状元、榜眼或探花。

[6]　许大：很多。

薛文清[1]曰："多言最使人心志流荡，而气亦损；少言不惟养得德深，又养得气完。"

陈眉公[2]曰："颐卦'慎言语，节饮食'。然口之所入，其祸小；口之所出，其罪多。故鬼谷子云：'口可以饮，不可以言。'"又曰："圣人之言简，贤人之言明，众人之言多，小人之言妄。"

伊川先生[3]曰："只观发言之平易躁妄，便见德之厚薄，所养之深浅。"见人论前辈之短，曰："汝辈且取他长处。"

薛文清公曰："在古人之后，议古人之失则易；处古人之位，为古人之事则难。此处不可不深省。"

【注释】

[1] 薛文清：薛瑄，字德温。明代永乐年间进士。学宗程朱。

[2] 陈眉公：陈继儒，字仲醇，号眉公。明代文学家和书画家，隐居昆山，专心为学、著述。

[3] 伊川先生：指北宋大儒程颐。程颐，字正叔，世称伊川先生。

《四本堂座右编》[1]曰："《太乙》《六壬》《奇门》此三部书，原本于《易》，但我辈知之，不可习。习之，损安静心。儿辈见之，尤不可习，习之，生务末[2]心。"

祝石林[3]曰："身其金乎？世其冶乎？或得、或丧、或顺、或逆、或称、或讥、或憾、或怿[4]。无非锻炼我者。能受锻炼者益，不能受锻炼者损。"

【注释】

[1] 《四本堂座右编》：清代朱潮远编撰。

[2] 务末：舍本逐末。

[3] 祝士林：祝世禄，号士林，万历十七年进士，书法家。

[4] 怿：欢喜。

陆士衡[1]《豪士赋》云："身危由于势过，而不知去势以求安；祸积由于宠盛，而不知辞宠以招福。"此富贵人之通病也。

东坡云："吾借王参军地种菜，不及半亩，而吾与子过终年饱菜。夜半解酒，辄撷菜煮之。味含土膏，气饱霜露，虽粱肉不能过也。人生须底物[2]而乃更贪耶！"乃题其庐曰"安蔬"。坡公此言，浅近可味，读之令人增长道心。

李之彦[3]曰："尝玩'钱'字，旁上著一戈字，下著一戈字，真杀人之物也，然则两戈争贝，岂非贱乎？"

魏柏乡相国《希贤录》曰："《嗜退庵语存》云：'教人与用人正相反，用人当用其所长，教人当教其所短。'"

【注释】

[1] 陆士衡：陆机，西晋吴郡人，字士衡。

[2] 底物：何物。

[3] 李之彦：宋代永嘉人，著《东谷所见》。

唐介[1]语诸子曰："吾备位[2]政府，知无不言，桃李固未尝为汝等栽培，而荆棘则甚多矣！然汝等穷达莫不有命，惟自勉而已。"唐公此语乃深于阅历、看透人情而发，非一时愤懑之言也。可以陆氏《荒庄语》对照。

吕叔简先生曰："余行年五十，悟得五不争之味。"人问之，曰："不与居积人争富；不与进取人争贵；不与矜节人^[4]争名；不与简傲人争礼节；不与盛气人争是非。"

陈眉公曰："醉人胆大，与酒融洽故也。人能与义命融洽，浩然之气自然充塞，何惧之有？"

【注释】

[1]　唐介：宋代江陵人，宋神宗时官至参知政事。

[2]　备位：居官的谦辞。

[3]　吕叔简：吕坤，明代万历年间进士。政治家，理学大儒。

[4]　矜节人：持守名节之人。

明正统时，徐太医彪曰："药性犹人也。为善千日不足，为恶一日有余。"正德末，吴太医杰曰："调药性易，调自性难。"

刘元明^[1]甚有吏能，历建康、山阴令，政为天下第一。傅翙^[2]代为山阴，问元明曰："愿以旧政告新令尹。"答曰："我有奇术，卿家谱所不载。作令唯日食一升饭而不饮酒，此第一策。"此语见之魏柏乡相国《希贤录》中，其意蕴亦在可解可不解之间。虽居官之善，不止此一事，然此事未尝非居官之要领。服官久而阅历深者自知之。

薛文清曰："静能制动，沉能制浮，缓能制急，宽能制褊，察其偏而矫之，则气质变。"

昔人云："富贵原如传舍[3]，惟谦退谨慎之人得以久居。"身在富贵中者，当时诵此语。

【注释】

[1]　刘元明：刘玄明，此处避康熙帝"玄烨"之讳。南北朝时期齐人，任山阴县令，有政绩。

[2]　傅翙（huì）：南北朝人，官至骠骑谘议。翙，鸟飞的声音。

[3]　传舍：客栈。

《嗜退庵语存》云："《晋书》曰陶渊明读书不求甚解。盖以两汉以来，训诂盛行，拘牵繁碎，人溺于所闻。故超然真见，独契古初而晚废训诂。其泛览流观者，不过《周王传》《山海图》[1]而已。'游好在六经'，岂真不求甚解者哉！"渊明之不求甚解，予心疑之，览嗜退庵此语，为之一快。

杨相国一清[2]曰："当今为政之务，在省事不在多事；在守法不在变法；在安静不在纷扰；在宽简不在烦苛。"

陆放翁作《司马温公布被铭》曰："公孙丞相布被[3]，人曰：'诈！'司马丞相亦布被，人曰：'俭！'布被，能也；使人曰'俭'不曰'诈'，不能也！"此语殊耐人思。

朱子曰："宰相以得士为功，下士为难。而士之所守，乃以不自失为贵。"

罗豫章[4]曰："君明，君之福；臣忠，臣之福。君明臣忠，则朝廷治安，得不谓之福乎？父慈，父之福；子孝，子之福。父慈子孝，则家道隆盛，得不谓之福乎？俗人以富贵为福，陋矣哉！"

【注释】

[1] 《周王传》《山海图》：指《穆天子传》和《山海经》。

[2] 杨相国一清：即杨一清，明代成化年间进士，官至陕西三边总制、华盖殿大学士。

[3] 公孙丞相布被：出自《史记·公孙弘传》："弘为步被，食不重肉。"公孙丞相，即公孙弘。布被，布制的被子。

[4] 罗豫章：罗从彦，北宋儒者，人称豫章先生。

安阳许励斋曰："吾道[1]甚大孔孟，单辞片语，皆足括二氏之精微而去其偏。"

明道先生[2]曰："天地生物，各无不足之理。常思天下君臣、父子、兄弟、夫妇，有多少不尽分处！"吁，人生天壤间，三复斯言，宁不发深省哉！

陈眉公曰："未用兵时，全要虚心用人；既用兵时，全要实心活人。"又曰："医以生人，而庸工以之杀人；兵以杀人，而圣贤以之生人。"

或问阳明先生[3]："用兵有术否？"曰："用兵何术？但能养得此心不动，乃术耳！凡胜负之决，不待临阵而卜，只在此心动与不动之间。"

薛文清公曰："当官不接异色人 [4] 最好。不止巫祝、尼媪 [5] 宜疏绝，至于匠艺之人，虽不可缺，当用之以时，不宜久留于家；与之亲狎，皆能变易听闻，簸弄是非。儒士固当礼接，亦有本非儒者，或假文辞、字画以谋进，一与之款洽，即堕其术中。如房琯 [6] 为相，因一琴工董庭兰 [7] 出入门下，依倚为非，遂为相业之玷 [8]。若此至类，能审查疏绝，亦清心省事之一助。"薛公此语，切中富贵人之病。然此等事，习而不察者甚多，及觉悟而后悔亦已晚矣！

【注释】

[1]　吾道：自己的学说。

[2]　明道先生：北宋理学大儒程颢。

[3]　阳明先生：明代大儒王阳明，心学集大成者。

[4]　异色人：意指非主流人士。

[5]　尼媪：尼姑。

[6]　房琯：唐玄宗时期人，官至吏部尚书。

[7]　董庭兰：唐玄宗时期的琴工，颇为房琯关照。

[8]　玷：玷污、过失。

象山先生曰："学者不长进，只是好己胜。出一言，做一事，便道全是。岂有此理！古人惟贵知过则改，见善则迁。今各执己是，被人点破便愕然，所以不如古人。"先生此言，乃天下学者之通病。若能不蹈此病，则其天资识量过人远矣！倘见此而能省察悔悟，将来亦必有所成就。

古人云："教子之道有五：静其性；广其志；养其材；鼓其气；攻其病^[2]。废一不可。"

【注释】

[1] 蹈：沾染。

[2] 攻其病：批评其过失、错误。

跋 一

《澄怀园语》四卷，皆圣贤精实切至之语，修齐治平之道，即于是乎在焉。

太保太夫子本其躬行心得，偶然流溢，可以觉世牖民[1]，非仅家庭义方之训已也。树德[2]伏诵之余，有深入心坎，欲言而不能者；有切中学者隐微深痼之疾，身亦有之而不觉者。有为公之实事，向所未知，今闻之而足以感发兴起者。闲谈风雅，亦堪为博物之资。非公之学、公之识、公之量俱臻之极[3]，不能有此语也。盖他人之语，语焉已耳。公之语，公之为人也，天下后世得读公此书者，岂曰小补之哉！

树德幸居阁下，平日既得亲炙[4]，公之格言至行，有在此书之外者，兹又得反复此书，复广益于曩所见闻之外，抑何幸也。第自愧学、识、量三者，与公蓋[5]不相及，未能效法万一。然龙门[6]不云乎："高山仰止，景行行止。虽不能至，心向往之。"今于公亦云。

乾隆丙寅[7]小春月，归安门下晚学生沈树德拜跋

【注释】

[1]　觉世牖民：启发世人。

[2]　树德：沈树德，清代中期人，著有《慈寿堂集》。

[3]　臻之极：到达极致。

[4]　亲炙：亲受教诲。

[5]　藑（qióng）：藑茅，即旋花，一种蔓草。

[6]　龙门：司马迁出生在龙门，此指司马迁。

[7]　乾隆丙寅：1746 年。

跋 二

余既重梓张文端公《聪训斋语》二卷未竟，复得公子文和公《澄怀园语》一书，读之而叹世德相承，后先媲美之，不可及也。文和以宰相之子，生长华腴，乃能一秉庭训，百行修举，尤为古今来难能可贵。宜其接武黄扉[1]，蜚声东阁，当时以比范纯仁之继文正，韩忠彦之继魏公，如公者，诚无愧焉。至编中所述，虽寻常日用之端，皆至理名言所寓。有足与《聪训》互相发明者，有足与《聪训》并行不悖者。真人生之矩矱，家室之范围。习而察之，遵而行之，其有裨于持身涉世，正非浅鲜耳，因连类付梓，并志其大略云。

光绪二年[2]冬十一月　仁和葛元煦理斋[3]

【注释】

[1]　黄扉：汉代的丞相、太尉和汉代以后的三公官署避用朱门，厅门涂为黄色，以区别于天子，称为"黄阁"或"黄扉"，后指宰相官署。

[2]　光绪二年：1876 年。

[3]　仁和葛元煦理斋：葛元煦，清代仁和（今浙江省杭州）

人，号理斋。藏书家。

恒产琐言

【导读】

　　《恒产琐言》是清代名臣张英的又一部家训名作。家训的书名取自《孟子·滕文公章句上》篇中孟子论恒产与恒心。张英在本书中的基本观点是，人有恒产而后有恒心。因此，如何保持恒产就成为治家的重要内容。在《恒产琐言》中，张英对其子孙阐述恒产对于一个家庭至关重要。张英认为，田产不可以卖出，只可以悉心维护。他指出了以往很多家庭没有很好保持田产的诸多原因，其中最为重要的两点是家中子弟的骄奢放纵和经不起卖田从商的诱惑。若家中的年轻人没有经过良好的家风熏陶和教育，那么他们很容易将祖父辈积累的财产挥霍掉。而经商的方式有很多种，但是张英不同意以变卖田地的方式来从事商业。他进而提出了许多保持田产的方式方法，比如勤俭节约、量入为出、精择佃农等。《恒产琐言》中蕴有深刻的中国家庭理财智慧，成书之后，影响巨大。是关于中国古代家庭经济财产管理的名作，对于当代中国每一个家庭来说都会有很多启示。在其中被反复强调的勤俭持家和量入为出的道理，对于当前中国构建节约型社会有着很强的借鉴意义。

三代而上[1]，田以井授[2]，民二十受田，六十归田，尺寸之地，皆国家所有，民间不得而私之。至秦以后，废井田，开阡陌[3]，百姓始得私相买卖。然则三代以上，虽至贵巨富，求数百亩之田贻[4]子及孙不可得也。后世既得而买之矣！以乾坤之大块，国家之版图，听人画界分疆、立书契、评价值而鬻[5]之。县官虽有易姓改氏，而田主自若。董江都[6]诸人，亦愤贫者无立锥之地，而富者田连阡陌，欲行限民名田之法，立为节制，而不果行[7]。其乃[8]祖乃父以一朝之力而竟奄有之[9]，使后人食土之毛[10]，善守而不轻弃，则子孙百世，苟不至经变乱，亦断不能为他人之所有。呜呼！深念及此，其可不思所以保之哉！

人家[11]子弟从小便读《孟子》，每习焉而不察。夫孟子以王佐之才[12]说齐宣、梁惠，议论阔大，志趣高远，然言"病"虽多端，用"药"止一味，曰"有恒产者有恒心"[13]而已，曰"五亩之宅""百亩之田"而已，曰"富岁子弟多赖"而已，重见叠出。一部《孟子》，实落处不过此数条。而终之曰："诸侯之宝三：土地、人民、政事。"又尝读《苏长公[14]集》，其天才横轶[15]，古今无俦匹[16]，宜若不屑屑生计[17]者。《游金山》之诗曰"有田不去如江水"，《游焦山》之诗曰"无田不去宁非贪"，其《题王晋卿〈烟江叠嶂图〉》亦曰"不知人间何处有此境，径欲往买二顷田"。可知此老胸中，时时有此一段经画[18]：生平欲买阳羡[25]之田，至老而其愿不偿。今人动言"才子""名士""伟丈夫"，不事家人生产，究至谋生无策，犯孟子之戒而不悔，岂不深可痛惜哉！

【注释】

[1]　三代而上：指夏、商、周及更远的时代。

[2]　田以井授：指井田制，周代的土地制度，以方里划分为九个区域，形如井字，中间区域为公田，外围八个区域为私田。

[3]　阡陌：田地上南北走向和东西走向并且相互交错的土埂。开阡陌：指秦国商鞅变法时期，将周代的井田制改变为土地私人所有制。

[4]　贻：赠给、遗留。

[5]　鬻（yù）：卖。

[6]　董江都：指西汉大儒董仲舒，曾任江都相。

[7]　不果行：最终没有得到实行。

[8]　乃：你的。

[9]　竟奄有之：最终全部拥有土地。

[10]　毛：指草或谷物，此处指农作物。

[11]　人家：家族。

[12]　王佐之才：辅佐帝王成就大业的才能。

[13]　有恒产者有恒心：出自《孟子·滕文公上》。恒产，不动产。恒心，道德之心。

[14]　苏长公：指苏轼。

[15]　横轶：纵横宏阔。

[16]　俦匹：相比。

[17]　宜若不屑屑生计：表面上来看似乎不介意生计之事。

[18]　经画：谋划。

[19]　阳羡：宜兴，在今江苏省。

天下之物，有新则必有故：屋久而颓，衣久而敝，臧获牛马服役久而老且死。当其始，重价以购，越十年而其物非故矣！再越十年，而化为乌有矣！独有田之为物，虽百年千年而常新。即或农力不勤，土敝产薄，一经粪溉则新矣。即或荒芜草宅，一经垦辟则新矣。多兴陂池[1]，则枯者可以使之润；勤姆茶蓼[2]，则瘠者可以使之肥。亘古及今，无有朽蠹颓坏之虑，逃亡耗缺之忧。呜呼！是洵可宝也哉。吾友陆子名遇霖，字洵若，浙江人，今为归德别驾[3]。其人通晓事务，以经济自许，在京师日，常与之过从。一日从容谈及谋生毕竟以何者为胜，陆子思之良久，曰："予阅世故多矣，典质[4]贸易权子母，断无久而不弊之理，始虽乍获厚利，终必化为子虚。惟田产房屋二者可持以久远，以二者较之，房舍又不如田产。何以言之？房产，乃向人索租钱，每至岁暮，必有干仆[5]，盛衣帽著靴，喧哗叫号以取之。不偿，则愬[6]于官长。每至争讼雀角[7]，甚有以奋斗窘逼而别生祸殃者。稍懦焉，则又不可得矣！至田租则不然！子孙虽为齐民[8]，极单寒懦弱，其仆不过青鞋布袜，手持雨伞，诣佃人之门，而人不敢藐视之。秋谷登场，必先完田主之租，而后分给私债。取其所本有而非索取其所无，与者受者，皆可不劳。且力田皆愿民[9]，与市厘商贾之狡健者不同。以此思之，房产殆[10]不如也。"予至今有味乎陆子之言。

【注释】

[1] 陂（bēi）池：池塘。

[2] 勤薅（hāo）荼蓼：薅，除草。荼蓼，泛指野草。

[3] 归德别驾：归德，清代相当于今河南商丘。别驾，汉置，为州刺史的佐官。因其地位较高，出巡时不与刺史同车，别乘一车，故名。清代时无别驾官职，此处为尊称。

[4] 典质：典押，以物为抵押换钱，可在限期内赎回。

[5] 干仆：有能力的仆役。

[6] 愬：通"诉"。诉讼。

[7] 争讼雀角：争吵，诉讼。

[8] 齐民：平民。

[9] 愿民：朴实善良之人。

[10] 殆：大概。

尝读《雅》《颂》之诗，而叹古人之于先畴[1]如此其重也。《楚茨》《大田》[2]之诗，皆公卿有田禄者。周有世卿[3]，其祖若父之采地，传诸后人，故云"曾孙"。今观其言，曰"我疆我理"，曰"我田既臧"，曰"我黍我稷""我仓我庾"。农夫爱其曾孙，则曰"曾孙不怒"，曾孙爱其农夫，则曰"农夫之庆"[4]。以至攘馌者之食而尝其旨否[5]，剥疆场之瓜而献之皇祖。何其民风淳朴，上下相亲如此？不止家给人足，无分外之谋；而且流风余韵，有为善之乐。后人有祖父遗产，正可循陇观稼[6]，策蹇课耕[7]，《雅》《颂》之景，如在眼前，而乃视为鄙事，不一留意，抑独何哉？

【注释】

[1]　先畴：先人之田地。

[2]　《楚茨》《大田》：《诗经·小雅》中的诗篇。

[3]　世卿：可以传承的官位及附属田产。

[4]　"故云曾孙"之后所引用的诗句，皆出自《诗经·小雅·莆田》和《诗经·小雅·谷风》。

[5]　"以至攘馌（yè）者之食"句：出自《诗经·小雅·甫田》："馌彼南田，田畯至喜。攘其左右，尝其旨否。"馌，送饭。攘，揖让，此处意为邀请。旨，美味。

[6]　循陇观稼：沿着田垄察看农田。

[7]　策蹇课耕：督促劳作。策蹇，即策蹇驴，骑跛足驴。课，监督。

今人家子弟，鲜衣怒马[1]，恒舞酣歌[2]。一裘之费，动至数十金；一席之费，动至数金。不思吾乡十余年来谷贱，竭十余石谷，不足供一筵；竭百余石谷，不足供一衣。安知农家作苦，终年沾体涂足，岂易得此百石？况且水旱不时，一年收获不能保诸来年。闻陕西岁饥，一石价至六七两。今以如玉如珠之物，而贱价粜[3]之，以供一裘一席之费，岂不深可惧哉？古人有言："惟土物爱，厥心臧。"[4]故子弟不可不令其目击田家之苦，开仓粜谷时，当令其持筹[5]。以壮夫之力不过担一石，四五壮夫之所担，仅得价一两，随手花费了，不见其形迹，而已仓庾[6]空竭矣！便稍有知觉，当不忍于浪掷。奈何深居简出，但知饱食暖衣，绝不念物力之可惜，而泥沙委之[7]哉！

【注释】

[1] 鲜衣怒马：美服壮马。

[2] 恒舞酣歌：沉溺于歌舞。

[3] 粜（tiào）：卖出粮食。

[4] "惟土物爱，厥心臧"：出自《尚书·酒诰》，意为凡是土地所生之物，皆爱惜，则其心善。

[5] 持筹：手持算盘。

[6] 仓庾：贮藏粮食的仓库。

[7] 泥沙委之：像抛弃泥沙一样花费金钱。委，抛弃。

天下货才[1]所积，则时时有水火、盗贼之忧，至珍异之物，尤易招尤速祸[2]。草野之人，有十金之积，则不能高枕而卧。独有田产，不忧水火，不忧盗贼。虽有强暴之人，不能竟夺尺寸；虽有万钧之力，亦不能负之而趋[3]。千顷万顷，可以值万金之产，不劳一人守护。即有兵燹[4]离乱，背井去乡，事定归来，室庐畜聚[5]，一无可问，独此一块土，张姓者仍属张，李姓者仍属李，芟夷[6]垦辟，仍为殷实之家。呜呼，举天下之物不足较其坚固，其可不思所以保之哉！

【注释】

[1]　才：通"财"。

[2]　招尤速祸：招致怨恨和祸患。

[3]　负之而趋：将它背起来带走。

[4]　兵燹（xiǎn）：战乱带来的灾祸。燹，野火，多指兵乱中纵火焚烧。

[5]　畜聚：积蓄的财物。

[6]　芟（shān）夷：芟，割草，除草。夷，铲除。

予与四方之人，从容闲谈，则必询其地土物产之所出，以及田里之事，大约田产出息[1]最微，较之商贾不及三四。天下惟山右、新安人[2]善于贸易，彼性至悭啬[3]能坚守，他处人断断不能，然亦有多覆蹶[4]之事。若田产之息，月计不足，岁计有余；岁计不足，世计有余[5]。尝见人家子弟，厌田产之生息微而缓，羡贸易之生息速而饶，至鬻产以从事，断未有不全军尽没者。余身试如此，见人家如此，千百不爽一。无论愚弱者不能行，即聪明强干者亦行之而必败，人家子弟万万不可错此著也。

【注释】

[1]　出息：产生利息。

[2]　山右、新安人：山西、安徽之人，指晋商和徽商。

[3]　悭（qiān）啬：吝啬。

[4]　覆蹶：挫败，失败。蹶，跌倒。

[5]　月计、岁计、世计：每月、每年、每世代的收支总计。

人思取财于人，不若取财于天地。余见放债收息以及典质人之田产者，三年五年，得其息如其所出之数，其人则哓哓[1]有词矣。不然则怨于心，德于色[2]，浸假[3]而并没其本。间有酷贫之士，得数十金可暂行于一时，稍裕则不能矣。惟地德则不然，薄植之而薄收，厚培之而厚报，或四季而三收，或一岁而再种。中田以种稻麦，旁畦余陇以植麻菽、衣棉之类。有尺寸之壤，则必有锱铢之入，故曰"地不爱宝"，此言最有味。始而养其祖父，既而养其子孙。无德色，无倦容，无竭欢尽忠之怨，有日新月盛之美。受之者无愧怍，享之者无他虞，虽多方以取而无罔利[4]之咎，上可以告天地，幽可以对鬼神。不劳心计，不受人忌疾。呜呼，天下更有物焉能与之比长絜短[5]者哉！

【注释】

[1]　哓哓（xiāo）：唠叨，吵嚷。

[2]　德于色：对人有恩而形于色。

[3]　浸假：逐渐。

[4]　罔利：谋取不正当利益。

[5]　比长絜（xié）短：絜，衡量。比较长短优劣。

　　余既言田产之不可鬻，而世之鬻产者，比比而然，聪明者亦多为之，其根源则必在乎债负[1]。债负之来，由于用度不经[2]，不知量入为出，至举息既多，计无所出，不得不鬻累世之产。故不经者，债负之由也；债负者，鬻产之由也；鬻产者，饥寒之由也。欲除鬻产之根，则断自经费始。居家简要可久之道，则有陆梭山"量入为出"之法。在其法：合计一岁之所入，除完给公家而外，分为三分。留一分为歉年不收之用，其二分，分为十二分，一月用一分。若岁常丰收，则是古人耕三余一之法。值一岁歉，则以一岁所留补给；连岁歉，则以积年所留补给。如此，始无举债之事。若一岁所入，止给一岁之用，一遇水旱，则产不可保矣！此最目前可见之理，而人不知察。陆梭山之法最详，即百金之产，亦行此法。使必富饶，而后可行，则大误矣。且其法于十二分，又分三十小分，余恐其太烦，故止作十二分。要知古人之意，全在小处节俭。大处之不足，由于小处不谨；月计之不足，由于每日之用过也。若能从梭山每月三十分之，更为稳实。一月之中，饮食应酬宴会，稍可节者节之。以此一月之所余，另置一封，以周贫乏亲戚些小之急，更觉心安意适。此专言费用不经，举债而鬻产之由。此外则有赌博、狭斜^[3]、侈靡，其为败坏者无论矣。更有因婚嫁而鬻产者，绝为可哂。夫有男女则必有婚嫁，只当以丰年之所积，量力治装^[4]，奈何鬻累世仰事俯育^[5]之具，以图一时之华美？岂既婚嫁后，遂可不食而饱，不衣而温乎？呜呼，亦愚之甚矣！

【注释】

[1]　债负：债务。

[2]　不经：不得其法。

[3]　狭斜：小街曲巷，和娼妓、伶人厮混，指淫邪秽乱之事。

[4]　治装：置办嫁妆。

[5]　仰事俯育：在上抚育子女，在下赡养父母，维系全家人的生活。

　　吾既言产之断不可鬻矣，虽然，鬻产之家岂得已哉！其平时费用不经，以致举债而鬻产，吾既详言之矣。处承平之日，行"量入为出"之法，自不致狼狈困顿，而为此独是。一遇兵燹，则必有水旱，水旱则必逃亡，逃亡则田必荒芜，荒芜则谷入必少，此时赋税必多，而且急数端相因而至^[1]，乃必然之理。有田之家，其为苦累较常人更甚，此时轻弃贱鬻，以图免追呼[2]，实必至之势也。然天下乱离日少，太平日多。及至平定，而产业既鬻于人，向时[3]富厚之子，今无立锥矣。此时当大有忍力，咬定牙根，平时少有积畜，或鬻衣服，或鬻簪珥[4]，或鬻臧获，籍以完粮[5]。打叠精神[6]，招佃辟垦[7]，乘间投隙[8]，收取些须，以救旦夕。谷食不足，充以糟糠[9]，凡百费用，尽从吝啬。千辛万苦，以保守先业。大约不过一二年，过此凶险，仍可耕耘收获，不失为殷厚之家，此亦予所目击者。譬如熬过隆冬冱寒[10]，春明一到，仍是柳媚花明矣。此际全看力量，更有心计之人，于此时收买贱产，其益宏多，吾乡草野起家之人，多行此法。

【注释】

[1]　相因而至：接二连三到来。

[2]　追呼：官府催缴田租赋役。

[3]　向时：从前。

[4]　簪珥（zān ěr）：发簪和耳环。

[5]　完粮：缴纳租税。

[6]　打叠精神：振作精神。

[7]　招佃辟垦：招募佃人开垦土地。

[8]　乘间投隙：利用机会。

[9]　糟糠：穷人用来充饥的酒渣、米糠等粗劣食物。

[10]　冱（hù）寒：寒冷。冱，冻结。

吾既极言产之不可鬻矣，虽然，守之有道，不可不讲。不善经理[1]，付之僮仆之手，任其耗蠹[2]，积日累月，沃者变而为瘠，润者化而为枯，稍瘠者化而为石田[3]。田瘠而亩不减，入少而赋不轻，平时仅可支持，一遇水旱，催科而立槁[4]矣！是田本为养生之物，变而为累身之物，且将追怨祖父，留此累物[5]以贻子孙，予见此亦不少矣。然则如之何而可哉？欲无鬻产，当思保产；欲保产，当使尽地利。尽地利之道有二：一在择庄佃[6]；一在兴水利。谚曰："良田不如良佃。"此最确论。主人虽有气力心计，佃惰且劣，则田日坏。譬如父母虽爱婴儿，却付之悍婢之手，岂能知其疾苦乎？良佃之益有三：一在耕种及时；一在培壅有力[7]；一在畜泄[8]有方。古人言："农最重时。"早犁一月有一月之益，故冬最良，春次之；早种一日有一日之益，故晚禾必在秋前一日。至培壅，则古人所云"百亩之粪"，又云"凶年粪其田[9]而不足"。《诗》云："茶蓼朽止，黍稷茂止。"[10]用力如此，一亩可得两亩之入。地不加广，亩不加增，佃有余而主人亦利矣。畜水用水，最有缓急先后，当救则救[11]，当待则待，当弃则弃，惟有良农老农知之。劣农之病有三：一在耕稼失时；一在培壅无力；一在畜泄无力。若遇丰稔[13]之年，雨泽应时而降，惰农、劣农亦卤莽收获，隐藏其害而不觉。一遇旱干，则彼之优劣立见矣。凶年主人得一石可值两石，而受此劣佃之害，悔何及哉！

【注释】

[1]　经理：经营田产。

[2]　耗蠹：消耗损害。

[3]　石田：地力衰竭之土地。

[4]　催科而立槁：因被催缴租税而至无法维持生计。

[5]　累物：累赘。

[6]　庄佃：庄农与佃户。

[7]　培壅（yōng）：在植物根部培土，指养护农作物。

[8]　畜泄：蓄水与排水。

[9]　粪其田：给田地施肥。

[10]　"荼蓼朽止，黍稷茂止"：出自《诗经·良耜》。

[11]　救：指用水救苗。

[12]　丰稔（rěn）：庄稼成熟、丰收。

　　人家僮仆管庄务，每喜劣佃而不喜良佃，良佃则家必殷实有体面，而不肯谄媚人，且性必耿直朴野，饮食必节俭，又不听僮仆之指使。劣佃则必惰而且穷，谄媚僮仆，听其指使，以任其饕餮[1]。种种情状不同，此所以性喜劣佃而不喜良佃。至主人之田畴美恶，彼皆不顾。且又甚乐于水旱，则租不能足额，而可以任其高下[2]。此积弊陋习，安可不知？且良佃所居，则屋宇整齐，场圃茂盛，树木葱郁，此皆主人僮仆力之所不能及，而良佃自为之，劣佃则件件反是。此择庄佃为第一要务也。禾在田中，以水为命，谚云："肥田不敌瘦水。"虽有膏腴[3]，若水泽不足，则亦等石田矣。江南有塘有堰[4]，古人开一亩之田，则必有一亩之水以济之。后人狃[5]于多雨之年，塘堰都不修治，堰则破坏不蓄水，塘则浅且漏不容水。每岁方春时，必有洪水数次，任其横流而不收。入夏亢旱，束手无策，仰天长叹而已。人家僮仆管理庄事，以兴塘几石，修屋几石，为开账[6]时浮图合尖[7]之具而已，何尝有寸土一锸[8]及于塘堰乎？夫塘宜深且坚固。余曾过江宁南乡[9]，其田最号沃壤，其塘甚小，不及半亩。询之土人，知其深且陡，有及二丈者，故可以溉数十亩之田而不匮[10]。吾乡塘最多，且大有数亩者、有十数亩者，然浅且漏，大雨后亦不满，稍旱则露底。田待此为命，其何益之有哉！向后兴塘筑堰，必躬自阅视，若有雨之年，塘犹不满，其为渗漏可知，急加培筑。大抵劣农之性惰而见识浅陋，每侥幸于岁多雨而不为预备。僮仆既以此开入花账[11]，又不便向主人再说。一遇亢旱，田禾立槁，日积月累，田瘠庄敝，租入日少，势必鬻变，此兴水利为第一要务也。若不知务此，而止云保守前业，势岂能由己哉！

【注释】

[1] 饕餮（tāo tiè）：传说中的一种贪食怪物，比喻贪婪、残忍。

[2] 任其高下：任他随意确定（租粮）的多少。

[3] 膏腴：指土地肥沃。

[4]　堰（yàn）：挡水的堤坝。

[5]　狃（niǔ）：因袭，拘泥。

[6]　开账：开列账单。

[7]　浮图合尖：造佛塔最后一步是为塔顶合尖，比喻任务之最后一道工序。

[8]　锸：锹。

[9]　江宁：今江苏南京。

[10]　匮：缺乏。

[11]　花账：虚报的账目。

　　予置田千余亩，皆苦瘠[1]。非予好瘠田也，不能多办价值，故宁就瘠田。其膏腴沃壤，则大有力者[2]为之，余不能也。然细思：膏腴之价数倍于瘠田，遇水旱之时，膏腴亦未尝不减。若丰稔之年，瘠土亦收，而租倍于膏腴矣！膏腴之所以胜者，鬻时可以得善价[3]，平时度日同此稻谷一石耳，无大差别。且腴田不善经理，不数年变而为中田，又数年变而为下田矣。瘠田若善经理，则下田可使之为中田，中田可使之为上田，虽不能大变，能高一等。故但视后人之能保与不能保，不在田之瘠与不瘠。况名庄胜业[4]，易为势力家所垂涎，子弟鬻田必先鬻善者。予家祖居田甚瘠，在当时兴作尽善，故称沃壤，四世祖东川公[5]卒时，嘱后人葬于宅之左，曰："恐为势家所夺。"由此观之，当时何尝非善地，今始成瘠壤耳！惟视人之经理不经理也。尝见荒瘠之地，见一二土著老农之家，则田畴开辟，陂池修治，禾稼茂郁 [6]，庐舍完好，竹木周布，居然一佳产。其仕宦之田，则荒败不可观而已，汝侪 [7] 试留心察之。

【注释】

[1] 苦瘠：指土壤贫瘠。

[2] 大有力者：有权势之人。

[3] 善价：好价钱。

[4] 名庄胜业：指好田地。

[5] 四世祖东川公：指张鹏，字腾霄，号东川。张英家之祖先。

[6] 禾稼茂郁：庄稼茂盛。

[7] 汝侪：你们，指家中子侄。

人家子弟每年春秋，当自往庄细看，平时无事亦可策蹇一往，然徒往无益也。第一，当知田界。田界不易识也，令老农指视，一次不能记而再三，大约五六次便熟。有疑处便问之，勿以曾经问过而嫌于再问，恐被人讥笑，则终身不知矣。第二，当察农夫用力之勤惰，耕种之早晚，畜积之厚薄，人畜之多寡，用度之奢俭，善治田以为优劣。第三，当细看塘堰之坚窳 [1] 浅深，以为兴作。第四，察山林树木之耗长。第五，访稻谷时值 [2] 之高下，期于真知确见。若听僮仆之言，深入茅檐，一坐、一饭、一宿，目不见田畴，足不履阡陌。僮仆纠诸佃人环绕喧哗，或借种稻，或借食租，或称塘漏，或称屋倾，以此恫喝主人。主人为其所窘，去之惟恐不速，问其疆界则不知，问其孰勤孰惰则不知，问其林木则不知，问其价值则不知。及入城遇朋友，则彼揖之曰："履亩归矣！"[3] 此笑之曰："循行阡陌回矣。"主人方自谓："吾从村庄来，劳苦劳苦！"呜呼，何益之有哉！此予少年所身历者，至今悔之。大约人家子弟，最不当以经理田产为俗事鄙事而避此名，亦不当以为故事[4]而袭此名。细思此等事，较之持钵求人[5]，奔走嗫嚅[6]，孰得孰失，孰贵孰贱哉？

【注释】

[1] 窳（yǔ）：恶劣粗劣。

[2] 时值：即时价。

[3] 履亩归矣：检查田地庄产而归。

[4] 故事：先例。

[5] 持钵求人：拿着钵向人乞讨衣食。

[6] 嗫嚅（niè rú）：想说而又吞吞吐吐不敢说出来。

人家"富""贵"二字，暂时之荣宠耳。所恃以长子孙者，毕竟是"耕""读"两字。子弟有二三千金之产[1]，方能城居。何则？二三千金之产，丰年有百余金之入，自薪炭、蔬菜、鸡豚、鱼虾、醯醢[2]之属，亲戚人情应酬宴会之事，种种皆取办于钱。丰年则谷贱，歉年谷亦不昂，仅可支吾^[3]，或能不致狼狈。若千金以下之业，则断不宜城居矣。何则？居乡则可以课耕数亩，其租倍入，可以供八口。鸡豚畜之于栅，蔬菜畜之于圃，鱼虾畜之于泽，薪炭取之于山，可以经旬屡月，不用数钱。且乡居则亲戚应酬寡，即偶有客至，亦不过具鸡黍^[4]。女子力作，可以治纺绩^[5]，衣布衣，策蹇驴，不必鲜华。凡此皆城居之所不能。且耕且读，延师训子^[6]，亦甚简静。囊无余畜，何致为盗贼所窥？吾家湖上翁子弟^[7]，甚得此趣。其所贻不厚，其所度日皆较之城中数千金之产者，更为丰腴。且山水间，优游俯仰，复有自得之乐而无窘迫之忧，人苦不深察耳。果其读书有成，策名仕宦^[8]，可以城居，则再入城居。一二世而后宜于乡居，则再往乡居。乡城耕读，相为循环，可久可大，岂非吉祥善事哉！况且世家之产，在城不过取额租，其山林湖泊之利，所遗甚多，此亦不能兼。若贫而乡居，尚有遗利可收，不止田租而已，此又不可不知也。

【注释】

[1]　千金之产：指丰厚的家底。

[2]　醯醢（xī hǎi）：醯，醋。醢，用鱼肉等制成的酱。

[3]　支吾：支付，应付。

[4]　具鸡黍：准备饭菜。

[5]　纺绩：织布。

[6]　延师训子：请老师教导子女。

[7]　湖上翁：指隐居不仕之人，姓张，故称其为"吾家"。

[8]　策名仕宦：科举及第而做官。

予仕宦人[1]也，止宜知仕宦之事，安能知农田之事？但余与四方英俊交且久，阅历世故多。五十年来，见人家子弟成败者不少，鬻田而穷，保田而裕，千人一辙[2]。此予所以谆谆苦口为汝辈陈说。先大夫[3]戊子年析产[4]，予得三百五十余亩。后甲辰年再析予一百五十余亩。予戊戌年初析爨[5]，始管庄事。是时，吾里田产正当极贱之时。人问曰："汝父析产有银乎？"予对曰："但有田耳。"问者索然[6]，予时亦曰："田非不佳，但苦急切难售耳！"及丁未后，予以公车有称贷[7]，遂卖甲辰年所析百五十亩。予四十以前，全不知田之可贵，故轻弃如此。后以予在仕宦，又不便向人赎取。至今始悟析产正妙在无银，若初年宽裕，性既习惯，一二年后，所分既尽，怅怅然失其所恃矣！田之妙，正妙在急切难售，若容易售，则脱手甚轻矣！此予晚年之见，与少年时绝不相同者也。是皆予三折肱之言[8]，其思之毋忽。

【注释】

[1]　仕宦人：为官之人。

[2]　千人一辙：指道理相同。

[3]　先大夫：指先父。

[4]　析产：指分割财产。

[5]　析爨（cuàn）：分灶。指分割家产。爨，灶。

[6]　索然：索然无味。

[7]　以公车有称贷：因为参加科举考试而借贷钱款。

[8]　三折肱之言：出自《左传·定公十三年》，多次折断胳膊，就知道医生治疗的有效方法，比喻对某事阅历多而积累的经验多。

张英小传

张英，江南桐城人。圣祖仁皇帝康熙六年进士，改庶吉士。旋丁父忧，回籍。十一年，授编修。十二年，充日讲起居注官。十五年，迁左春坊左谕德。

十六年二月，迁翰林院侍讲学士。九月，同掌院学士喇沙里、陈廷敬奉谕曰："尔等每日进讲，启导朕心，甚有裨益。嗣后天气渐寒，特赐尔等貂皮各五十张、表里缎各二十匹。"十月，谕大学士等曰："朕不时观书写字，欲选择翰林侍左右，讲究文义。伊等在外城，宣召难以即至。著于城内拨给闲房，在内侍从。"寻命英直南书房，赐第西安门内。十八年，转侍读学士。十九年四月，谕吏部曰："朕万几之暇，留心经史，虽逊志时敏，夙夜孜孜，而研究阐发，良资讲幄之功。日讲起居注各官，俱以学行优长，简备顾问，所纂讲义，典确精详，深裨治理。侍读学士张英供奉内廷，日侍左右，恪恭匪懈，勤慎可嘉！尔部从优议叙。"寻允部议，讲官叶芳蔼、沈荃等加衔有差，英授翰林院学士，兼礼部侍郎衔。二十年二月，以葬父乞假，谕曰："尔素性醇朴，侍从有年，朝夕讲筵，恪恭尽职。兹因尔父未葬，具疏请假，朕念人子至情，忠孝一理，准假南旋，特赐白金五百两、表缎二十匹。既旌尔勤劳，兼资墓田之用。尔其钦悉朕惓惓至意。"又谕礼部如英品级，予其父秉彝恤典。二十五年三月，授翰林院掌院学士，兼礼部侍郎衔。四月，命教习庶吉士。闰四月，与内阁学士徐乾学并谕称"学问淹通，宜留办文章之事"，令吏部勿开列巡抚。十二月，迁兵部右侍郎。二十六年正月,同内阁学士韩菼奏进纂成《孝经衍义》,得旨颁发。六月,调礼部右侍郎,兼翰林院掌院学士衔。九月,转左,仍兼翰林院掌院学士衔,又兼管詹事府詹事事。十一月,充经筵讲官。

二十七年正月,给事中陈世安疏劾:"英与礼部尚书张士甄、侍郎王颛昌遇孝庄章皇后大丧,不亲督司员检阁旧章,一切典礼令司员具稿赍送满堂官起奏,不会同详慎参订;或屡请不至,即至亦默无一言。间有朝臣造问恭祭时日、跪送仪文、斋宿旧例,茫然辄谢不知。偷安自便,阘冗无能,请严加处分,以警瘝旷。"命自行回奏。寻奏:"臣士甄、颛昌每日在午门前齐集,臣英朝夕在永康门外,兼有奉旨与翰林院同办之事,俱未敢偷安。凡典礼有应稽旧章者,亲率司员检阅;有应满、汉堂官公同商酌者,未曾推诿,并无屡请不至之事。至恭祭日期、跪送仪文及斋宿之例,一经奉旨,即知会所司,俱遵行无误,亦未曾有朝臣相问,对以未知也。惟是臣等素无才能,乞赐处分,为不职者戒。"疏下吏部察议,以未与满堂官同在一处商稿启奏,应各降五级调用,得旨,从宽留任。

二十八年十二月,擢工部尚书,仍兼管詹事府。二十九年六月,兼翰林院掌院学士,并管詹事府事。七月,调礼部尚书,仍兼翰林院掌院学士。十月,以编修杨瑄撰拟阵亡都统公佟国纲祭文,引用悖谬,英看阅不详审改正,部议降四级调用。得旨,革去礼部尚书,仍管翰林院、詹事府事。

三十年六月，教习庶吉士。三十一年十月，复礼部尚书，兼管翰、詹如故。三十三年三月，以编修黄叔琳、庶吉士狄亿等十一人试国书生疏，谕责教习不严，下部察议，应革职。得旨，张英从宽降三级留任。旋与掌院学士常书同奉命教习庶吉士。三十五年，上亲征噶尔丹，至拖讷山，凯旋，英同常书奏请赐观《御制亲征朔漠纪略》，俾得敬慎编摹，垂诸简册，从之。先后充国史、《一统志》、《渊鉴类函》、《政治典训》、《平定朔漠方略》总裁官。三十六年三月，同尚书熊赐履为会试正考官。七月，以老病乞休，得旨慰留。十月，辞兼管翰林院、詹事府事，允之。三十八年十一月，授文华殿大学士，兼礼部尚书。

四十年十月，乞休，得旨："卿才品优长，宣力已久。及任机务，恪勤益励，眷倚方殷。览奏，以衰病乞休，情词恳切，准以原官致仕。"濒行，赐宴畅春园，谕部令沿途驿递应付，毋限常额。先是，御书"笃素堂"匾额以赐，英名其所著为《笃素堂文集》。四十四年，逢上南巡，迎驾淮安，叠奉御书"谦益堂""葆静"匾额，并联幅画卷、银千两以赐。随至江宁，上将旋跸，以在籍臣庶吁请旨留一日，英复奏请，得旨："念老臣恳求谆切，准再留一日启行。"四十六年，迎驾清江浦，仍随至江宁，赐御书对联、"世恩堂"匾额及书籍、人参，亦允英奏请，多留一日。四十七年九月，卒于家，年七十有二。遗疏至，得旨："张英久侍讲幄，简任机密，老成勤慎，始终不渝。予告后，朕念其衰年，屡谕旨令勉加调摄。忽闻病逝，深切轸悼！下部议恤。"赐祭葬加等，谥曰文端。世宗宪皇帝御极，赠太子太傅。雍正八年，入祀贤良祠。今上御极，晋赠太傅。

子廷玉，官至大学士，别有传。

（选自《清史列传》卷九《张英》）

张廷玉小传

　　张廷玉，安徽桐城人，大学士英次子。康熙三十九年进士，改庶吉士。四十二年，授检讨。四十三年，命入直南书房，寻充日讲起居注官。四十七年，丁母忧，寻丁父忧。五十一年，迁司经局洗马。五十四年，迁右庶子，寻授侍讲学士。五十五年，擢内阁学士。五十六年，充经筵讲官。五十九年，授刑部右侍郎。六十年二月，山东盐贩王美公等纠众不法，巡抚李树德获奏，命廷玉同都统托赖、学士登德往会抚镇严讯，分别定罪如例。六月，调吏部左侍郎。

　　六十一年十一月，世宗宪皇帝御极，命廷玉协同翰林院学士阿克敦、励廷仪等办事，赐一品荫生。十二月，擢礼部尚书，恭纂《圣祖仁皇帝实录》，充副总裁。雍正元年正月，入直南书房。四月，充顺天乡试副考官。五月，上嘉廷玉偕正考官朱轼衡文公慎，议叙，加太子太保。七月，充《明史》总裁官。八月，兼翰林院掌院学士，御制诗一章赐之，诗曰："峻望三台近，崇班八座尊。栋梁才不忝，葵藿志常存。大政资经画，訏谟待讨论。还期作霖雨，为国沛殊恩。"九月，充会试正考官。调户部尚书。十月，充国史馆总裁。二年五月，充《会典》总裁。寻疏言："浙江之衢州，江西之广信、赣州等府，毗连闽、广，无藉之徒流移失业，入山种麻，搭棚居住，号曰'棚民'。岁月既久，生息日繁，懦者或守本业，悍者辄结为匪。近西崖有抢劫之事，皆棚民倡首。请敕督抚题补廉能州县，晓谕约束，编入户口册籍；若居住未久，踪迹莫定者，取具五家连环保结稽核，毋许遗漏。中有膂力技勇及读书向学之人，查明具详，分别考验录用。庶生聚教训，初无歧视，而一时失业之徒，不致陷于罪戾，亦属靖地安良之一法。"下督抚议行。八月，充会试正考官。三年二月，充《治河方略》副总裁。

七月，署理大学士事。四年，授文渊阁大学士，仍兼户部、翰林院事。五年，晋文华殿大学士。六年正月，疏言："内阁部院奉旨事件，俱交起居注登记档案；惟八旗事件，向例不交起居注，无从记载。请自雍正五年始，亦照阁部送馆，以便纂入记注。"从之。三月，晋保和殿大学士。十月，兼署吏部尚书。七年，晋少保。八年十月，谕曰："大学士马尔赛、张廷玉、蒋廷锡自简任纶扉以来，只遵朕训，仰体朕心，懋著忠勤，恪恭奉职。今年夏秋之间，朕躬偶尔违和，马尔赛、张廷玉、蒋廷锡赞襄机务，公正无私，慎重周详，事事妥协。数月之中，朕躬得以静养调摄者，实伊等翊赞之力也。今朕躬已经全愈，宜加恩锡，以褒良佐，以励臣工。着各赏给一等轻车都尉世职，仍各加二级。其世职或带于本身，或给与伊子，听其自便。"廷玉奏准以长子编修若霭承袭。十一年三月，条奏："慎刑二事：一、各省人犯，罪重收禁，罪轻取保。独刑部遇各衙门送犯，不论情事大小、罪犯首从，俱收禁，致累无辜。请敕议送部人犯，分别收禁、取保，定例遵行；一、刑部引用律例，往往删去前后文，止摘中间数语，即以所断之罪承之；甚有求其仿佛，比照定拟者，高下其手，率由此起。都察院、大理寺同

227

为法司衙门，若刑部引例不确，应令院寺驳正，不改即行题参；如院寺扶同朦混，草率从事，一并处分。"疏入，命九卿议行。九月，谕祭贤良祠大学士张英于本籍，准廷玉驰驿回籍，举行典礼，赐帑金万两，为祠宇祭祀费，并赐冠带、衣裘及貂皮、人参等物，颁内府书籍五十二种于其家。十二月，廷玉奏言："臣行经直隶州县，近河洼地遭水，已蒙赈济，其中尚有灾重之处，积潦未消，难以种麦，明岁青黄不接，民食倍艰。请敕督臣确查，加赈一月，再查该地方应修工程，酌议举行，俾穷民得佣工糊口。"得旨允行。是月，《会典》告成，议叙加二级。十二年二月，廷玉回京，上遣内大臣、户部侍郎海望迎劳于卢沟桥，颁赐酒膳。十三年正月，充《皇清文颖》馆总裁。

八月，今上御极，命廷玉同庄亲王允禄等总理事务。九月，赏给一等轻车都尉，并前世职为三等子，仍以其子若霭袭。十月，恭纂《世宗宪皇帝实录》，充总裁官。嗣以廷玉所领事多，不必兼管翰林院事。乾隆元年，充纂修《玉牒》总裁。七月，充《三礼》馆总裁。九月，《明史》告竣，议叙加二级。十月，命仍兼管翰林院事。十一月，充经筵讲官。二年三月，充会试正考官。三年，上将视学，以三老、五更之礼可行与否询军机大臣，廷玉奏言："伏思三老、五更之名，始见于《礼经》，盖古养老尊贤之礼也。考养老之礼，如《王制》《内则》所云，则于夏、殷、周皆然；又云'五帝、三王宪有乞言'，则伏羲、神农、黄帝以来已然。

是其典为最古。至所云'食三老、五更于太学，天子袒而割牲，执酱而馈，执爵而酳，冕而总干'，是其礼为最隆。我皇上至道在躬，式稽前典，以三老、五更之礼下询，甚盛事也！顾礼待人行，事因时起。臣妄臆议，以为未可举行者，约有数端。盖皇上至德渊怀，圣不自圣，何难屈礼臣下；但天子有所施，必令臣下有可受。如所云'袒而割牲'者，其始，亲袒衣割牲，以为俎食也；'执酱而馈'者，其继，执酱以馈熟也。'执爵而酳，冕而总干'者，继食毕，又亲执酒以酳口；且又端冕舞位，而以乐舞侑食也。礼如是不已重乎？古有斯礼而今未行，似非皇上殷殷复古之意。如特行此礼，度臣下谁敢受者？此其难行，一也。汉、宋均曰：'三老，乃老人知天地人之事；五更，乃老人知五行更代之事'者：各以一人为之。所谓'知天地人之事'者，盖上通天文，下彻地理，中察人伦，三者明一亦难矣，况兼之乎？所谓'知五行更代之事'者，如伏羲以木德王，故风姓代之者火也。炎帝以火德王，故曰炎帝；以火纪官代之者，土也。黄帝以土德王，故曰黄帝之类。此非洞达天人之际，孰能知其所以然者？惟其有如是之德，是以天子隆以宾师之礼。三公、九卿皆在执事之列。今此礼果行，必求其人以当之。窃思致仕诸臣及现居职者，谁克任之？恐皇上即下明诏，而其人必悚惕惭惶而不敢应。此事之难行，二也。考汉以李躬为三老，桓荣为五更；魏以王祥为三老，郑小同为五更；周武帝以于谨为三老，其时五更无人。第未审诸公如前所述之三老、五更，果克副其名而无愧乎？圜桥观听，汉明帝时极盛。然先儒胡寅讥桓荣仅能授经章句，不知仲尼修身治天下之微旨。故所以辅翼其君者，德业不过如是。观先儒之论，是桓荣犹不免讥评，下此者何足以当钜典？三也。三老、五更之名，虽见于《乐记》《祭义》《文王世子》诸篇，然不言何代。如以为虞、夏、殷、周皆然，则二帝、三王大经大法载于《尚书》，何二典三谟不见有老更之名？如以为惟周有之，则保息养老见于司徒；献鸠以养国老，见于罗氏；以财养死政之老见于司门；三百六十如是之详且悉，何亦不载有老更之名？臣愚以为养老之礼，古时典制可稽，至所谓三老、五更者，疑属汉儒附会。此其事未可尽信，四也。是以唐、宋至今已千余载，此礼未曾举行；即本朝世祖、圣祖、世宗皇帝重道尊师，明经造士，事事度越前古，而于老更之礼亦未之及。盖以典至古而礼尤隆，名实难副。倘有几微未称，不惬观听，则必滋议论之端，岂不亵至尊而羞大典乎？此事似应停止举行，不必敕下廷议。"疏入，上韪其言。

寻以总理事务敬慎周详，赏给骑都尉，由三等子特恩晋三等伯，仍令其子若霭承袭。四年五月，加太保。八月，充《明史纲目》总裁。七年五月，《吏部则例》告成，议叙，加二级。十二月，上谕："我朝文臣无封公侯伯之例，大学士张廷玉伯爵，系格外加恩，伊子不合承袭，着带于本身。"八年七月，驾往奉天谒祖陵，廷玉留京办事，照扈从王大臣例，加一级。十月，上念廷玉年逾七十，令不必向早入朝，遇炎蒸风雪，亦不必勉强进内。十一年，廷玉长子内阁学士若霭病故，谕令节哀自爱，以廷玉行走内廷需人扶掖，命其次子庶吉士若澄在南书房行走。十二年二月，充会典馆总裁，京察引见翰林官，改列荐一等之吴绂、朱荃、金甡三员为二等，廷玉保荐不实，部议降二级，抵销。

十三年正月，具疏乞休，谕曰："大学士伯张廷玉年来屡于燕见之次，以衰老乞休，朕辄宣谕慰留。但年齿既高，时切轸念，前后数颁温旨，令其盛暑祁寒，不必勉强赴直，随时量力，以资调护。每见其精神矍铄，深用惬怀，以为邦家祥瑞。昨缘召对，复力以年近八旬，请得荣归故乡，情辞恳款，至于泪下。朕向谕以卿受两朝厚恩，且奉皇考遗命，将来配享太庙，岂有从祀元臣归田终老之理？而伊昨奏称宋、明配享之臣，曾有乞休得请者，举数人为证；且称七十悬车，古之通义，又引老子'知足不辱，知止不殆'为解。朕谓不然。昔人久处要地，恐滋谗谤，将致贪恋贿讥，势必迫于殆辱。故《易》云：'见几而作，不俟终日。'要岂所论于与国家关休戚、视君臣为一体者哉？设令昏耄龙钟，不能事事，瘝官旷职，于治体有妨，亟当避贤者路，在朝廷亦不得不听其引退。然昏耄龙钟者，固将神明愦然，其于去留已瞀不知；使其心尚知觉，则日日同堂聚处之人，一旦远离，虽属朋友尚有不忍，况在君臣岂有恝然？《书》曰：'天寿平格。'又曰：'耇寿俊在厥服。'秦穆霸主，尚猷询兹黄发，使七十必令悬车，何以尚有八十杖朝之典？卿精采不衰，应务周敏，不减少壮；若必以泉石徜徉，高蹈为适，独不闻武侯'鞠躬尽瘁'之训耶？若如卿所奏武侯遭时艰难，受任军旅；生逢熙洽，优游太平，未可同日而语。朕又谓不然。皋、夔、稷、契与龙逢、比干所丁之时不同，而可信其易地皆然，其心同也。设皋、夔、稷、契无龙逢、比干之心，必不能致谟明弼谐之盛；龙逢、比干无皋、夔、稷、契之心，亦必不能成致命遂志之忠。遭遇虽殊，诚荩则一。夫既以一身任天下之重，则不以艰钜自诿，亦岂得以承平自逸？为君则乾乾不息，为臣则蹇蹇匪躬，所谓一息尚存，此志不容稍懈。朕为卿思之，不独受皇祖、皇考至优至渥之恩，不可言去；即以朕十余年眷待之隆，亦不当言去。即令果必当去，朕且不忍令卿遽去，而卿顾能辞朕去耶？卿若恐人议其恋职，因有此奏，则可；若谓人臣义当如此，则不可。朕尝谓致仕之说，必若人遭逢不偶，不得已之苦衷，而非士人之盛节，为人臣者断不可存此心。何则？朝廷建官命职，不惟逸豫，惟以治民；而人生自少至老，为日几何，且筮仕之年，非能自必，设令预以此存心，必将漠视一切，泛泛如秦、越人之相视，年至则奉身以退耳。谁复出力为国家图庶务者？此所系于国体、官方、人心、世道者甚大。我朝待大臣，恩礼笃至，而不忍轻令解职，大臣苟非癃老有疾，不轻陈请。恐不知者反议其贪位恋职，而谓国家不能优老，全其令名，是不可以不辨。故因大学士张廷玉之请，举朕所往复晓譬者，布告有列。其所陈既未允行，重违其意，所有吏部事务不必兼理，俾从容内直，以绥眉寿。"

十四年正月，复谕曰："大学士伯张廷玉三朝旧臣，襄赞宣猷，敬慎夙著，朕屡加曲体，降旨令其不必向早入朝；而大学士日直内廷，寒暑罔间，今年几八帙，于承旨时，朕见其容貌少觉清减，深为不忍。夫以尊彝重器，先代所传，尚当珍惜爱护，况大学士自皇考时倚任纶扉，历有年所？朕御极以来，弼亮寅恭，久近一致，实乃勤劳宣力之大臣，福履所绥，允为国家祥瑞。但恭奉遗诏，配享太庙，予告归里，谊所不可。考之史册，如宋文彦博十日一至都堂议事，节劳优老，古有成谟。大学士绍休世绪，生长京邸，今子孙绕膝，良足娱情，原不必以林泉为乐也。着于四五日一入内廷，以备顾问。城内郊外，皆有赐第，可随意安居，从容几杖，颐养天和，长承渥泽，副朕眷待耆俊之意。且令中外大臣共知国家优崇元老，恩礼兼隆，而臣子无可已之日，自应鞠躬尽瘁，以承受殊恩，俾有所劝勉，亦知安心尽职。"御制诗一章，以劝有位，诗曰："职曰天职位天位，君臣同是任劳人。休哉元老勤宣久，允矣予心体恤频。潞国十朝事堪例，汾阳廿四考非伦。勖兹百尔应知劝，莫羡东门祖道轮。"

十一月，上以廷玉年老，不能复兼监修总裁之任，以大学士傅恒代之。谕曰："大学士勤宣伯张廷玉先朝耆旧，宣力有年，光辅端揆，几三十载。上年陈情请告，朕以其精神不衰，尚可从容襄赞，皤皤黄发，领袖班行，当以匪躬之节，为群臣先，讵可翛然动林泉之兴？是以未允所请，复申明大义，布告在廷。自是而大学士弗复以此为言，盖亦深知于义有所不可也。乃自今秋冬以来，精采矍铄，视前大减，盖人至高年，阅岁经时，辄非曩比。每召见之顷，细加体察，良用恻然！朕思鞠躬尽瘁，固臣子致身之谊，而引年尚齿，亦圣人安老之仁。在为臣者预存一奉身而退之念，则将匪国是恤，惟身是图，始而营心干进，则策励奉公，迨至愿满而荣宠备，则乞身强健，乐志林泉，举若是其工于自谋，国家将何赖焉？此在三之谊，矢以毕生，实分所固然也。然自为君者视之，则壮用其力，老恤其劳，使臣以礼，事君以忠，斯为各尽其道。朕之前旨，乃谓人臣不当存此心，大学士尤不当存此心，初非欲著为成例，即至年迈力衰，不能任职，必不欲令其归荣故里也。昨召对尚书梁诗正，偶论及此事，梁诗正奏云：'故乡为祖先坟墓所在，桑榆暮景之人，依恋弥笃。'此言虽属宛转，亦于情理未协。盖离乡远宦者，早已不能岁时瞻扫，岂待迟暮方知？设当荣宠少壮，或五六十时，溘先朝露，又将奈何？梁诗正亦无辞以对。第朕既体察及此，安能无动于怀？惟是大学士在皇祖时，直内廷，陟卿贰；皇考复加柄用，荣冠臣僚。朕在书斋，即所敬礼。御极至今，眷倚隆重。夫座右鼎彝古器，尚欲久陈几席，何况庙堂元老，谊切股肱？然亲见其老态日增，强留转似不情，而去之一字，实又不忍出诸口，用是踌躇者久之。既而念大学士养疴暂告，已屡赐医存问，因令军机大臣等同往省视，传朕谕旨，大学士感激涕零，谓：'受恩至深，无可图报，何敢以孱躯动履，日烦轸念？因遵前旨，不敢自陈。仰蒙体恤，实出望外。请得暂辞阙廷，于后年江宁迎驾。'大学士即陈奏恳款如此，应加恩遂其初愿，示朕优老眷旧、恩礼始终之意。着准以原官致仕，伯爵非职任官可比，仍着带于本身。俟来春冰泮，舟行旋里，届期朕当另颁恩谕。南巡时即可相见。至朕五十正寿，大学士亦将九十，轻舟北来，扶鸠入觐，成堂廉盛事，不亦休欤！"

御制诗三章赐廷玉，诗曰："早怀高义慕悬车，异数优留为弼予。近觉筇鸠难步履，得教琴鹤返林间。银毫无奈吟轻别，赤芾还看赋遂初。拟问兰陵二疏傅，可曾廿四考中书。两朝纶阁谨无过，况复芸窗借琢磨。此日兰舟归意定，一时翰苑怅思多。善娱乡党销闲昼，稳趁帆风送去波。南国诗人应面晤，为询食履近如何？坐论朝夕久勤宣，间别何能独憗然。同事当年今几在，得余硕果又言旋。江湖卿乐真饶后，廊庙吾忧讵忘先。指日翠华临幸处，欢颜前席问农田。"又谕吏部大学士休致员缺，俟廷玉登舟南还后，再行请旨。时廷玉请面见，奏言："前蒙世宗宪皇帝逾格隆恩，遗命配享太庙。上年有'从祀元臣不宜归田终老'之谕，恐身后不得蒙荣，外间亦有此议论。"免冠叩首，请上一辞以为券。上特颁谕旨，并赐诗以安其心，诗曰："造膝陈情乞一辞，动予矜恻动予悲。先皇遗诏惟钦此，去国余思或过之。可例青田原侑庙，漫愁郑国竟摧碑。吾非尧舜谁皋契，汗简评论且听伊。"廷玉具折谢恩，遣子若澄代奏，上以其不亲至，传旨令廷玉明白回奏。此日，廷玉早至，上以军机处必有泄露者，谕曰："朕许大学士张廷玉原官致仕，且允配享太庙之请，乃张廷玉具折谢恩，词称泥首阙廷，并不亲至，第令伊子张若澄代奏。因命军机大臣传写谕旨，令其明白回奏；而今日黎明，张廷玉即来内廷。此必军机处泄露消息之故，不然，今日即可来，何以昨日不来？此不待问而可知者矣。夫配享太庙，乃张廷玉毕世之恩，岂寻常锡赉加一官、晋一秩可比？不特张廷玉殁身衔恩，其子孙皆当世世衔恩。伊近在京邸，即使衰病不堪，亦当匍匐申谢，乃陈情能奏请面见，而谢恩则竟不亲赴阙廷。视此莫大之恩，一若伊分所应得，有此理乎？朕昨赋诗，命翰林和韵，献谀者或拟以皋、夔，比以伊、周。夫皋、夔尚可也，伊、周则不可也。朕诗自有分寸，谓'两朝纶阁谨无过'，不为溢美之词，亦尚其实长也。若因此而称心满意，则并其夙所具之谨且忘之而不谨矣。夫'可例青田原侑庙'者，刘基以休致之臣而得配享，曾有此例，故事在可许。伊试自思，果能仰企刘基乎？张廷玉立朝数十年，身居极品，受三朝厚恩，而当此桑榆晚景，辗转图维，惟知自便，未得归则求归自逸；既得归则求配享叨荣。及两愿俱遂，则又视若固有，意谓朕言既出，自无反汗，已足满其素愿，而此后更无可觊之恩，亦无复加之罪，遂可恝然置君臣大义于不问耳。朕前旨原谓配享大臣不当归田终老，今朕怜其老而赐之归，是乃特恩也。既赐归而又曲从伊请，许其配享，是特恩外之特恩也。乃在朕则有请必从，而彼则恬不知感，则朕又何为屡加此格外之恩？且又何以示在朝之群臣也？试问其愿归老乎？愿承受配享乎？令其明白回奏。昨朕命写谕旨时，惟大学士傅恒及汪由敦二人承旨，而汪由敦免冠叩首，奏称'张廷玉蒙圣恩，曲加体恤，终始矜全。若明发谕旨，则张廷玉罪将无可逭'。此已见师生舍身相为之私情。及观今日张廷玉之早来，则其形显然。朕为天下主，而令在廷大臣，因师生而成门户，在朝则倚恃眷注，事事要被恩典；及去位而又有得意门生，留星替月，此可姑容乎？夫君子绝交不出恶声，朕昨令写谕旨，意尚迟回，不欲遽发。及观张廷玉今日之来，且来较向日独早，谓非先得信息，其将谁欺？若将二人革职，交王大臣等质讯，未有不明者；但朕既曲成其终，张廷玉纵忍负朕，朕不忍负张廷玉。然军机重地，乃顾师生而不顾公义，身为大臣，岂应出此？朕尝谓大臣承受恩典，非可滥邀，若居心稍有不实，则得罪于天地鬼神，必致败露。张廷玉一生蒙被异数，即使诈伪，亦可谓始终能保。乃至将去之时，加恩愈重，而其所行有出于情理之外，虽欲曲为包容，于理有所不可。岂非居心不实之明效大验耶？天道之显著如此，为人臣者其可不知所儆惕乎？可不知所改悔乎？"

廷玉以并未得信覆奏，谕曰："张廷玉明白回奏折内称'十三日实因心恐谢恩稽迟，急欲趋阙泥首，是以向早入朝，并未先得信息'等语。张廷玉之早来，必因先得信息。伊向来谢恩，不一而足，并未早来，何以是日来之独早？若谓并未得信，而次日早来，即可掩先日不来之过。此所见与儿童何异，岂久经事理之老大臣而宜出此？如果因风寒严劲，步履不前，则次日何尝不寒，且何难于谢恩折内声明，或张若澄递折时向奏事人口奏。乃并不及此，其回奏折内于先得信息之处亦不承认。是日承旨系傅恒、汪由敦二人，以二人并论，则非汪由敦而谁？即万有一分非汪由敦送信，亦必司员中书等有人送信。张廷玉在军机处年久，伊等皆其属员，此尚情理所有之事。若降旨革职严讯，未有不水落石出者。但朕自即位以来，即假借包容张廷玉至此矣，何值因此遽兴大狱？然若迫于不得不办，则朕非可朦混了事者。且张廷玉折内于汪由敦不涉一字，明系避重就轻，朕加恩于张廷玉至深至厚，即近日之恩谕稠叠，本欲保全终始，宁于将去之时而显暴其罪，不为包容？但实有不得不然者，盖张廷玉与史贻直素不相合，史贻直久曾于朕前奏张廷玉将来不应配享太庙。在史贻直本不应如此陈奏，而彼时朕即不听其言也。张廷玉奏请面见时，称外人亦有议其将来不得配享者，朕问为谁，即明指史贻直而言；及问以大学士员缺，即奏称汪由敦现在暂署，将来即可办理。其意谓在朝既与史贻直夙有嫌隙，今经休致，则史贻直独在阁中，恐于伊未便，故援引一素日相好之门生，则身虽去而与在朝无异。此等伎俩，可施之朕前乎？试思大学士何官而可徇私援引乎？更思朕何如主，而容大臣等植党树私乎？史贻直即与张廷玉不协，又何能在朕前加之倾陷？若因张廷玉既去，即自矜得意，是亦自取罪戾耳。大臣等分门别户，衣钵相传，此岂盛世所有之事。我大清朝乾纲坐揽，朕临御至今十有四年，事无大小，何一不出自朕衷独断？即月选一县令，未有不详加甄别者，宁有大学士一官而不慎重详审，听其援置私人乎？其荐汪由敦，非以爱之而实害之也。张廷玉既已衰老致仕，朕何难曲示包容，而正不然，伊等有此隐伏情形，若不明白宣示，则伊等不知朕保全之深恩，而直谓朕坠诸臣术中而不觉。传之史册，知者谓朕委曲包涵，不知者谓朕为何如主，朕甘受此耶？仍令张廷玉一一明白回奏。"

廷玉覆奏言："臣福薄神迷，事皆错谬，致干严谴。请交部严加议处。"得旨，大学士、九卿议奏。寻议："廷玉负恩植党，罪莫可逭，除配享盛典不应滥邀，无庸置议外，应革退大学士职衔，并削去伯爵，不准回籍，留京待罪。"谕曰："大学士九卿所议，固属公论金同，然未喻朕始终加恩之意，所议犹有未协。夫张廷玉之罪固在于不亲至谢恩，而尤在于面请配享，其面请之故，则由于信朕不及，此其所由得罪于天地鬼神也。然朕念张廷玉为耆旧大臣，蒙皇考隆恩异数，优渥逾涯。自朕临御以来，加意矜全，曲为体恤。即今此许令原官致仕，许令配享庙廷，前后所降谕旨及御制诗篇，其眷待之优崇，中外大臣具所备悉。本欲保其晚节，以成全美。今乃自甘暴弃，实非思虑所及料。假令朕意稍有勉强，则进退予夺，惟朕所命，何难不许其予告；其面请配享，亦何难却之不从，且又何能逆料其不亲来谢恩，而故加此种种格外之恩，以为陷于有罪之地耶？乃谢恩不来，次日又来，俱令人不解，是岂非得罪于天地鬼神，有莫之为而为者，使之自为败露。以为在朝大小臣工之戒耶？夫配享乃恭奉皇考遗诏，朕何忍违，观其汲汲面请，惟恐不得之意，直由信朕不及故耳。张廷玉事朕十有四年，朕待群臣，事事推心置腹，而伊转不能信，忍为要挟之求。观其如此居心，其有不得罪于天地鬼神者耶？且配享大典，千秋万世自有公论，得所当得，则为殁世之荣；苟其过分叨恩，徒足供人指摘，何荣之有？试思太庙配享，皆佐命元勋，张廷玉有何功绩勋猷，而与之比肩乎？鄂尔泰尚有经度苗疆成绩，而张廷玉所长，不过勤慎自将，传写谕旨，朕诗所谓'两朝纶阁谨无过'耳。而觍然滥膺俎豆，设令冥冥有知，踧踖惶悚，而不能一日安矣。此在朕平心论之，张廷玉实不当配享太庙，其配享实为过分，而竟不自度量，以此冒昧自请，有是理乎？及其老也，戒之在得，岂有展转思维，惟知自私自利，不惟欲得之生前，而且欲得之身后，不亦昧于大义乎？若但如大学士、九卿所议，不准配享，而革去大学士、勤宣伯，令其在京待罪，不知者将谓朕不许其归里侑庙，而始则谬加之恩，终则抵之罪矣。朕不云乎'张廷玉忍于负朕，朕不忍负张廷玉'？朕之许张廷玉予告，原系优老特恩，明谕甫降，朕不食言；其大学士由皇考时简用，至今二十余年，朕亦不忍加之削夺；配享恭奉皇考遗诏，朕终不忍罢斥。至于伯爵，则朕所特加，今彼既不知朕，而朕仍令带归田里，且将来或又贪得无厌，以致求予其子者，皆所必有，朕亦何能曲从至是？着削去伯爵，以大学士原衔休致，身后仍准配享太庙。夫以年老予休之大臣，志满意得，自恃其必不加罪谴，遂至求所不当求，而忽其所不可忽，必至入于罪戾而后已。神明之昭鉴，可畏如此！大小臣工，其可不以此为戒乎？"

十五年二月，谕曰："大学士张廷玉，前因朕念其年老，许令致仕回籍，仍准配享太庙，屡沛莫大之恩；而伊并不知感，谢恩竟不亲至。本应如大学士、九卿等所议治罪，朕以耆旧老臣，不忍加之罪谴，仅削去伯爵，仍以大学士休致。迩来详加体察，实乃龙钟昏愦，力不能支，当时闻命之下，精神短浅，或心思实有未到，而非出于恃恩疏节，亦未可知。且朕从前降旨，乃使为臣子者，晓然于事君之大义，亦不为张廷玉一人而发之也。不然，伊身已退矣，朕之加恩保全，已将毕乃生矣，岂尚虑其败官箴而妨政事，而不为之格外优容乎？今中外臣工，已具知大义之所在。张廷玉纶阁旧臣，宣力年久，今日陛辞之际，顾其衰老，朕心尚为悯恻。所为善善欲长，恶恶欲短，兹乃特加异数，以宠其行，赐给御制诗篇手书二卷，御用冠服、数珠、如意诸物。起程之日，仍令散秩大臣领侍卫十员往送，用示朕优老旧臣之至意。"

时皇长子定亲王薨，甫过初祭，廷玉即奏请南归。上因阅配享诸臣名单，谕曰："侍郎管太常寺事伍龄安因额驸超勇襄亲王策凌配享太庙位次，开单条列具奏，朕已另降谕旨办理。因详阅配享诸臣名单，其中如费英东、额亦都诸臣，皆佐命元勋，汗马百战，功在旂常，是以侑享大烝，俎豆至于今不替。即大学士鄂尔泰已觉过优，以此并论，益见张廷玉之不当配享，其配享实为逾分。在鄂尔泰，尚有开辟苗疆、平定乌蒙及经略边陲，劳绩攸著；若张廷玉，在皇考时，仅以缮写谕旨为职，此娴于笔墨者所优为。自朕御极十五年来，伊则不过旅进旅退，毫无建白，毫无赞襄。朕之姑容，不过因其历任有年，如鼎彝古器，陈设座右而已。夫在升平日久，固无栉风沐雨、躬冒矢石之事，可以自见；然亦必以德业猷为、有功社稷，方足以当之无愧。张廷玉曾有是乎？上年朕许伊休致回籍，伊即请面见，奏称恐身后不获蒙配享之典，要朕一言为券。朕以皇考遗诏已定，伊又无大过，何忍反汗，故特允其请，并赐诗为券。夫其所以汲汲如此者，直由于信朕不及，即此居心，已不可以对天地鬼神矣，又何可冒膺侑食之大典乎？及其谢恩，并不躬亲，经廷臣议处，朕仍加恩，宽留原职，并仍准其配享；且子陛辞之日，赐赉优渥。并令于起身时，仍派大臣侍卫往送。伊遂心满意足，急思旋里，适遇皇长子定亲王之丧，甫过初祭，即奏请南还。试思伊曾侍朕讲读，又曾为定亲王师傅，而乃漠然无情，一至于此！是谓尚有人心者乎？在大臣年老，或患病不能任事，如徐本、任兰枝、杨汝谷等，何尝不准其回籍。若张廷玉则不独任以股肱，亦且寄以心膂，尤非诸臣可比。朕从前不即令其回籍者，实朕之以股肱、心膂视之，逾于常格之恩，而伊转以此怏怏；及至许其原官致仕，许其配享，则此外更无可希冀，无可留恋，惟以归田为得计矣。前于养心殿召对，奏称：'太庙配享一节，臣即赴汤蹈火，亦所甘心。'夫以一己之事，则甘于赴蹈，而君父之深恩厚谊，则一切置之不顾，有是情理乎？使皇考尚在御，见张廷玉今日之行为，亦将收回成命，则朕今日不得不明颁谕旨，以励臣节。张廷玉非但得罪于朕，抑且得罪皇考在天之灵矣！且朕赐诗所谓'可例青田原侑庙，漫愁郑国竟摧碑'云者，刘基在明原系从龙之佐，有帷幄之功，而当时配享，尚不免訾议；今张廷玉自问，果较刘基何若乎？至魏徵仆碑，事在身后；今张廷玉现在，更不待身后始有定论。朕前加恩降旨，仍准其配享，台垣诸臣即应力陈其不当滥厕元勋之列，而乃噤无一语，御史非无人，即有所观望耳。配享一节，天下自有公论，张廷玉亦当有自知之明。今及其未至身后也，正可折中定论。朕岂肯为唐太宗所为耶？着将此旨，并配享诸臣名单，令其阅看，自加忖量，能否与本朝配享诸臣比肩并列，应配享不应配享，自行具折回奏。到日令大学士九卿等定议具奏。"

廷玉覆奏言："臣老耄神昏，不自度量，于太庙配享大典妄行陈奏，皇上详加训示，如梦方觉，惶懼难安。复蒙示配享诸臣名单，臣捧诵再三，惭悚无地！念臣既无开疆汗马之功，又无经国赞襄之益，纵身后忝邀俎豆，死而有知，益当增愧！况臣年衰识瞀，愆咎自滋。世宗宪皇帝在天之灵，鉴臣如此负恩，必加严谴，岂容更侍庙廷？敢恳明示廷臣，罢臣配享，并治臣罪，庶大典不致滥邀，臣亦得安愚分。"得旨，大学士、九卿等议奏，寻议："谨按《礼经》：王功曰勋，国功曰功，民功曰庸，事功曰劳，治功曰力，战功曰多。揆张廷玉平生，律以六等，无一可据。张廷玉于配享大典，不宜滥邀，应请停罢。再廷玉种种罪戾，蒙皇上格外宽宥，仍许原官归里，乃竟漠不知感，急欲言旋，图一己归逸，忘君父隆恩，罪实无可再逭，应请仍革去大学士职衔，以为大臣负恩者戒。"谕曰："张廷玉配享太庙一节，朕之本意，并无令其停罢之见。二三年前，大学士史贻直曾于面见时议及配享大典，张廷玉不当滥邀。朕知伊二人素不相协，且汉人中有配享大臣，亦足为臣工之劝，是以未经允行。及上年许令张廷玉致仕，伊即奏请面见，汲汲以配享为请，求一言为券，朕即允其请。及其谢恩不至，经大学士、九卿议停其配享，朕以皇考成命早颁，仍曲示保全，未允廷议。在张廷玉，即不知朕心，信朕不及，而朕之始终加恩，不欲停罢配享，初未尝有丝毫成见，已可共白矣。乃张廷玉受千载难遇之恩，而毫不知感，觍然自居老臣。朕西巡时，伊随众送驾，乃加恩免罪后初次见朕也，伊亦未曾叩首道旁，且毫无惶悚之意，仍在皇城内与留京总理王大臣同列；海子接驾亦然。是皆众人所共见者。及陛辞之日，朕仍赐令召见，意以伊老臣去国，自必有嘉谟谠论，规益朕躬，合于临别赠言之义；而无一语及于国家正事。古人居江湖而忧廊庙者，固如是乎？且奏称去冬谢恩不至，曾令伊子将缘由告知奏事太监，未为转奏。近日奏事太监，有敢以大臣陈奏之言，壅蔽遗漏而不为转奏者乎？皇考临御以至朕躬，能容此等奏事太监乎？此在外人或未尽知，张廷玉在军机处行走数十年，宁不知之？而欲以此委过于不足比数之小臣，大臣居心，岂当出此乎？及遇皇长子之丧，甫过初祭，即奏回南，于君臣大义，及平日师傅恩谊，恝然不以动心，其意不过以志愿已遂，更无可图，惟以归荣故乡为急。人臣如此存心，于国家无几微系属依恋，国家安赖有此臣也？夫遭皇长子之丧，迫不及待，欲归故里，在张廷玉则为悖于大义，在朕视之，仍属小节，朕非因小节而督责去位之大臣。然于小节如此，又安望其临大事而能竭力致身乎？在张廷玉老迈归田，岂更望其出力，而我大清国亿万斯年，君臣一体、休戚相维之谊，所关甚大，不可不剀切明示，以正名教之大闲。且张廷玉去志，本不始于今日，当有讷亲时，伊即屡在伊前怂恿代奏。讷亲不敢明为奏请，而时时流露其意。彼时张廷玉尚未龙钟，岂一二年亦不能待，而营营思退者，盖自揣志不能逞，门生亲戚之素相厚者，不能遂其推荐扶植之私，所积赀产又已足赡身家，是以伊十余年来，仅以旅进旅退，容默保位为得计。及一一获满所愿，辄图远引，朕向之曲示优容者，则以皇考所贻，即古器亦加珍惜，何况旧臣？然亦以其原无大过耳。今既获戾种种，实乃得罪皇考，无可复加原宥，适因伍龄安之奏，阅配享功臣名单，益见其不可滥邀。是乃天理昭彰，不容悖窃非分。朕虽欲屈公议以全初念，亦有所不能也。况配享大典，不但酬庸，实以示劝。在朕初无成心，鄂尔泰、张廷玉同奉配享之诏，鄂尔泰在生时，朕屡降旨训饬，较之张廷玉尚为严切。此亦在廷所共知者。然以其大节不亏，终始克全，自应叨荣勿替；而张廷玉居心行事如此，若仍令滥膺侑食，诚不足以服公论，不足为天下后世臣工之劝，即朕亦何以仰对皇考在天之灵！着照大学士、九卿所议，罢其配享。至朕于张廷玉已格外加恩，所议革去大学士职衔之处，仍著宽免。"

先是，御史储麟趾参奏四川学政朱荃匿丧赶考。八月，谕曰："朱荃在四川学政任内匿丧赶考，贿卖生员，并勒索新生规礼，赃私累累，实近年来学政所未有。伊乃大学士张廷玉儿女亲家，其敢于如此狼藉婪赃，明系倚恃张廷玉为之庇护。且查朱荃为大逆吕留良、严鸿奎案内之人，倖邀宽典，后复夤缘荐举，冒玷清华，本属衣冠败类，大学士张廷玉以两朝元老，严鸿奎之案，缮写谕旨皆出其手，岂不知其人，乃公然与为姻亲，是诚何心？在雍正年间，伊必不敢如此，即在伊平日谨守远祸之道，亦不当出此；而漫无忌惮至于如此，其负皇考圣恩为何如？其藐视朕躬为何如？张廷玉若尚在任，朕必将伊革去大学士，交刑部严审治罪。今既经准其回籍，着交两江总督黄廷桂于司道大员内，派员前往传旨询问，令其速行明白回奏。"再降谕旨："张廷玉深负三朝眷注之恩，即其不得行私，而欲归之一念，已得罪天地鬼神，朕尚欲全其晚节；今乃种种败露，岂容冒叨宠赉？所有历来承受恩赐御笔、书籍，及寻常赏赉物件，俱着追缴。"时命内务府总管德保往查，德保并廷玉家产查办。上以所办错误，命给还其家产，以蚕池口住房为圣祖仁皇帝赐原任大学士张英，仍听其子孙居住；收回护国寺官房。廷玉覆奏言："臣负罪滋深，天褫其魄，行事颠倒。自与朱荃结亲以至今日，如在梦昧之中，并无知觉。今伏读上谕，如梦方醒，恐惧惊惶，愧悔欲死，复有何言！乞将臣严加治罪。"得旨，该部严察议奏。吏部议革去职衔，交刑部定拟，以为负恩玩法者戒。谕曰："张廷玉身荷三朝厚恩，罕有伦比，且膺配享太庙之旷典，宜何如感激报效，以尽匪懈之谊？即年已衰惫，亦当依恋阙廷，鞠躬尽瘁，不忍言去。乃伊平时则容默保位，及其既耄，不得复行己私，但思归荣乡里，于君臣大义，遂恝然置之不问。以如此存心，不惟得罪于朕，并得罪于皇考。是以天地鬼神显夺其魄，俾一生居心行事，至此尽行败露。情罪实属重大，即褫其官爵，加以严谴，亦不为过。至党援门生，及与吕留良案内之朱荃联为儿女姻亲之罪，在伊反为其小焉者矣。既经罚锾，且令追缴恩赐物件，已足示惩；若又如该部所议，革职治罪，在张廷玉忍于负朕，自所应得；而朕心仍有所不忍，着从宽免其革职治罪，以示朕始终矜宥之意。"

二十年三月，卒。遗疏入，谕曰："致仕大学士张廷玉历事三朝，宣力年久，勤劳夙著，受恩最深。前以其年届八旬，精神衰惫，特加体恤，准令退休，实朕优念老臣本怀。至于配享太庙一事，系奉皇考世宗宪皇帝遗诏遵行，而恩礼攸隆，则非为臣子者可以要请。及朕赐诗为券，又不亲赴宫门谢恩，自不得不示以薄谴，用申大义。今张廷玉患病溘逝，要请之愆虽由自取，皇考之命朕何忍违！且张廷玉在皇考时，勤慎赞襄，小心书谕，原属旧臣，宜加优恤，应仍谨遵遗诏，配享太庙，以彰我国家酬奖勤劳之盛典。"寻赐祭葬如例，谥文和。四十四年，御制《怀旧诗》，列诸五阁臣中，诗曰："风度如九龄，禄位兼韦平。承家有厚德，际主为名卿。不茹还不吐，既哲亦既明。述旨信无二，万言顷刻成。缮皇祖实录，记注能尽诚。以此蒙恩眷，顾命配享行。及予之莅政，倚任原非轻。时时有赞襄，休哉国之桢！悬车回故里，乞言定后荣。斯乃不信吾，此念讵宜萌？臧武仲以防，要君圣所评。薄惩理固当，以示臣道贞。后原与配食，遗训敢或更？求享彼过昭，仍享吾意精。斯人而有知，犹应感九京。"

五十年，御题廷玉《三老五更议》曰："戊戌年为《三老五更说》，亦既辟其踳驳，而勒之新建辟雍之碑矣。今秋驻避暑山庄，检读《四库全书》内《文颖集》中有《三老五更议》之篇，而挂漏其名，因命检文津阁之书，乃知为张廷玉所撰。憬然忆之，事在乾隆戊午为二十七月既阕，诸礼毕举之时，于视学之前，曾向军机大臣等谈及三老、五更，而谘其可行与否。彼时鄂尔泰依违其间，张廷玉则断以为不可，于是奏此议而遂寝其说。盖鄂尔泰固好虚誉而近于骄者，张廷玉则善自谨而近于懦者，且二人彼时皆可望登此席者也。以今观之，则廷玉之议为当。设尔时勉强行之，必有如廷玉所谓滋后人之议者矣。若朕戊戌之所为《三老五更说》，戊戌去戊午历四十年，其事早已忘之。盖戊午朕方二十八岁，而戊戌则六十有八。此亦足验四十年间学问识见之效，而年少时犹未免有好名泥古之意。至今则洒然矣！兹观廷玉之议，与朕之说不约而同，树之前旌焉，因命并勒辟雍碑，以识己学之浅深及弗掩人之善也。夫廷玉既有此卓识，何未见及？朕之必不动于浮言，遵皇考遗旨，令彼配享太庙；而临休致归里时，乃有求入庙之请，此所谓老衰而戒之在得乎？朕又以廷玉之戒为戒。且为廷玉惜之！"

廷玉弟廷璐，康熙五十七年一甲二名进士，授编修。雍正元年正月，充福建乡试正考官。寻迁右中允，充日讲起居注官。五月，擢侍讲学士，提督河南学政。二年九月，以封丘县生员罢考事革职。寻授侍讲。三年，擢国子监祭酒，疏请敕将军、提镇转饬所属将弁，每朔望齐集兵丁宣讲《圣谕广训》，下部议行。寻迁少詹事。十月，充武会试正考官。五年，迁詹事。七年，提督江苏学政。八年四月，疏言："向例学政衙门发各州县循环簿，遇生员告状作证者填注，按季缴换，以凭查考，而州县往往视为具文，且簿内但言词讼，不及钱粮。应饬各学将文武生员及贡监，造簿送学，钤印发回各州县，于理事时，生监令本人于簿内姓名下亲书年月为某事到案，并着花押。至应纳钱粮若干，已完若干，一并注明申送。则词讼多寡、钱粮清欠，按簿瞭然，庶优劣易定而劝惩可施矣。"部议从之。十年六月，充浙江乡试正考官。十月，学政任满，命留任。十一年六月，擢礼部右侍郎。十三年十月，命仍留江苏学政任。乾隆元年，谕祭大学士张英于本籍，命廷璐就任所回里，举襄典礼。四年九月，充武会试副考官。六年，充江西乡试正考官。九年四月，自陈年老，诏以原品休致，十年八月，卒。

廷瑑，雍正元年进士，改庶吉士，授编修。六年，充日讲起居注官。九年，迁左赞善。十年，迁侍读，寻擢侍讲学士。十一年，疏陈："严禁赌具，责成同居父兄伯叔互相觉察，容隐者照窃盗同居例治罪，出首者除不连坐外，本犯罪准酌减。"得旨嘉奖，交部议叙。又陈："各部院折奏，奉旨准行后，将原折并谕旨录送内阁，俾得按年查阅，各部院书吏不能漏误，档案亦无阙略。"下部议行。寻转侍读学士。十二年，迁詹事，擢工部右侍郎。十三年十月，恭纂《世宗宪皇帝实录》，充副总裁。乾隆元年，充会试副考官。三年，命办理福陵堤工事。四年正月，转左侍郎。七月，以工竣，议叙，加二级。五年，提督江苏学政。九年五月，调补内阁学士。六月，充江西乡试正考官。十一年，以病乞休，命回籍调理。二十九年，卒。

廷玉长子若霭，雍正十一年进士，廷试卷进呈，谕曰："诸臣进呈殿试卷，朕阅至第五本，字画端楷，策内'公忠体国'一条，语极恳挚，颇得故大臣之风，因拔置一甲三名，诸臣皆称允当。及拆号，乃大学士张廷玉之子张若霭，朕心深为嘉悦。盖大臣子弟能知忠君爱国之心，异日必能为国家抒诚宣力。大学士张英立朝数十年，清忠和厚，终始不渝。张廷玉朝夕在朕左右，勤劳翊赞，时时以尧、舜期朕，朕亦以皋、夔期之。张若霭禀承家教，兼之世德所钟，故能若此。非独家瑞，亦国之庆也。因遣人往谕张廷玉，使知朕实出至公，非以大臣之子，有意甄拔。乃张廷玉再三恳辞，情词恳至，朕不得不勉从其请，着将张若霭改为二甲一名，以表大臣谦谨之诚，并昭国家制科盛事。"五月，授若霭为编修。十三年六月，充日讲起居注官。九月，入直南书房。乾隆二年，迁侍讲。四年，授侍讲学士。寻丁母忧，服阕，补原官。八年三月，迁通政司右通政。七月，迁光禄寺卿。十月，擢内阁学士。十一年，上西巡，若霭扈从，以病回京，卒。谕曰："内阁学士张若霭在内廷行走十余年，小心勤慎，能恪遵伊父大学士张廷玉家训，深望其将来尚有可成。今秋扈从，于途次患病，随遣御医调治，且令先回，冀得痊可，以慰伊老父之心。不意遽闻溘逝，深为悯恻！伊从前曾袭伯爵，因与定例未符，是以令在本任供职，今着加恩照伯爵品级赏银一千两，料理丧仪，赐祭一次。"

次子若澄，乾隆十年进士，改庶吉士。命在南书房行走。十二年，授编修。累迁至内阁学士。三十五年，卒。

少子若溽，现官内阁学士。

（选自《清史列传》卷十四《张廷玉》）